New Wun Ching Developmental Publishing Co., Ltd.

New Age · New Choice · The Best Selected Educational Publications — NEW WCDP

第**11**版
11th Edition

生物
Biostatistics
統計學

楊惠齡・林明德 編著

前 言 FOREWORD

　　統計學是一門應用廣泛且實用的學科，無論是商業、工業或是生物醫學上的研究，只要是有關數字的量化研究，皆需利用統計方法來加以整理、分析，呈現研究的結果。一般人都有一種錯誤的觀念，認為數學不好，統計也就學不好，其實不然；統計是以數學為基礎而加以應用的一門學科，雖與數學有關係，但兩種學科之間的學習並不是絕對的相關。因此，在學習統計時，只需要有基本的數學計算能力及清晰的思考力即可，且在處理資料時，能夠作適當的整理及分析，則無論是何種研究問題，都可以迎刃而解。

　　本書是為統計初學者編寫之教材，以深入淺出的方式，對基本的統計方法及原理作一簡單的介紹，並藉由例題的說明，讓讀者對統計方法及統計公式的計算，有進一步的認識及瞭解。而統計軟體的使用，更是學習統計時不可或缺的工具，因此，本書使用普遍且操作簡易的 Excel 2010 套裝軟體，來配合課本的相關內容，在方法的使用上加以介紹，希望讀者於研習統計方法及原理之餘，配合各章 Excel 2010 套裝軟體的步驟說明，實際操作練習，從中比較其異同，相信定能收事半功倍之效。本次改版，係校正部分頁面的數值，使內文更趨向精確完整，以符合使用者之需求。

　　本書各章之後皆附有習題，供讀者演練之用，並於附錄中提供習題解答，供讀者參考。希望藉由此書的學習，讓初學者在統計學的學理上有一基本的認識，在資料的分析、整理及統計方法的計算上有一初步的瞭解，並且經由相關的 Excel 2010 操作說明，讓初學者更能體會「從做中學」的學習效果。

　　最後，非常感謝新文京開發出版股份有限公司相關人員的協助配合，讓本書得以順利再版。

楊惠齡、林明德　謹識

目 錄 CONTENTS

1 CHAPTER 緒 論 I

1-1 什麼是生物統計學 2

1-2 資料的取得 3

1-3 資料之性質 9

1-4 EXCEL 與生物統計 10

習 題 19

2 CHAPTER 資料的整理 21

2-1 次數分配表的編製 22

2-2 相對及累積次數分配表的編製 25

2-3 統計圖 27

2-4 EXCEL 與統計圖 31

習 題 44

3 CHAPTER 敘述統計 45

3-1 算術平均數(Mean) 46

3-2 中位數(Median) 52

3-3 眾數(Mode) 55

3-4 全距(Range) 57

3-5 標準差(Standard Deviation) 59

3-6 變異係數(Coefficient of Variation) 62

3-7 相關係數(Coefficient of Correlation) 64

3-8 EXCEL 與敘述統計 67

習 題 74

4 CHAPTER 機率分配 77

4-1 二項分配(Binomial Distribution) 78

4-2 卜瓦松分配(Poisson Distribution) 80

4-3 常態分配(Normal Distribution) 83

4-4 t 分配(Student's t-distribution) 90

4-5 χ^2 分配(Chi-Square Distribution) 92

4-6 F 分配(F-Distribution) 95

4-7 EXCEL 與機率 98

習 題 107

5 抽樣分配 109
CHAPTER

5-1 樣本平均數的抽樣分配 110

5-2 兩樣本平均數差的抽樣分配 112

5-3 樣本比例的抽樣分配 114

5-4 兩樣本比例差的抽樣分配 115

習 題 117

6 區間估計 119
CHAPTER

6-1 母體平均數 μ 的區間估計 121

6-2 兩母體平均數差 $\mu_1 - \mu_2$ 的區間估計 127

6-3 母體比例的區間估計 137

6-4 兩母體比例差的區間估計 139

6-5 母體變異數 σ^2 的區間估計 141

6-6 兩母體變異數比 σ_1^2 / σ_2^2 的區間估計 143

6-7 EXCEL 與區間估計 146

習 題 152

7 假設檢定 153
CHAPTER

7-1 假設檢定的意義 154

7-2 母體平均數 μ 的假設檢定 157

7-3 兩母體平均數差 $\mu_1 - \mu_2$ 的假設檢定 165

7-4 母體比例的假設檢定 171

7-5 兩母體比例差的假設檢定 173

7-6 母體變異數 σ^2 的假設檢定 176

7-7 兩母體變異數比 σ_1^2 / σ_2^2 的假設檢定 178

7-8 EXCEL 與假設檢定 181

習 題 191

8 CHAPTER 次數分析 193

8-1	適合度檢定	194
8-2	獨立性檢定	196
習 題		201

9 CHAPTER 變異數分析 203

9-1	單因子變異數分析	205
9-2	二因子變異數分析	217
9-3	EXCEL 與變異數分析	232
習 題		238

10 CHAPTER 廻歸分析 241

10-1	資料散佈圖與相關係數	242
10-2	單變數線性廻歸模式	251
10-3	單變數線性廻歸模式的推論統計	254
10-4	新觀察值的預測	260
10-5	殘差分析	262
10-6	EXCLE 與廻歸分析	265
習 題		270

附 錄 273

附錄一	標準常態分配表	274
附錄二	t 分配表	275
附錄三	χ^2 分配表	276
附錄四	F 分配表	277
附錄五	習題解答	285

緒 論

BI◐STATISTICS

1-1　什麼是生物統計學

1-2　資料的取得

1-3　資料之性質

1-4　EXCEL 與生物統計

1-1 什麼是生物統計學

在電視上，看到女性瘦身的廣告，面對動人的敘述，瘦身前後的照片對照，相信很多女性，內心不禁動盪，真的有那麼好的效果嗎！但是偶而也在報章雜誌上，看到其負面的報導，到底這只是那幾個人的片面效果呢？還是它真的有整體性的效果呢？那麼事情的真相到底是什麼呢？

面對經濟的不景氣，常見的使用指標就是失業率，當我們看到媒體報導說近幾個月失業率有下降，所以我國的景氣有復甦的跡象。可是為何股票的指數仍然跌跌不休呢？失業率是否和經濟指數有關連呢？

像上面這些問題，都是平常我們在日常生活中可能會碰到或想到的問題，如何解決呢？統計學就是一個很好的工具。

那麼**統計學**是什麼呢？簡單的說，就是**依據目的將觀察或測量到的資料，加以處理以及利用處理後的資料加以分析，以便做判斷及推論的一門學問。**

以功能來分，統計學可分為二個主要部份，**敘述統計**(Descriptive Statistics)及**推論統計**(Inference Statistics)。例如每年夏天一到，就會聽到登革熱的病情再現，因此根據各地的醫療院所回報的資料，加以蒐集、整理、分析、解釋，指出六月份南部有 17 個案例，中部有 5 個案例，北部有 2 個案例，這就是敘述統計。而連續觀察 4 週之後，發現南部增加為 235 個案例，中部增為 201 個案例，北部增為 67 個案例，根據這些資料，利用一些理論及方法，判斷出疫情似乎有從南向北蔓延的趨勢，今年可能會爆發大流行，政府宜及早加以應對，這就是推論統計。

如果由學術的觀點來看統計學的發展，可分為理論統計和應用統計。理論統計係以數學的方法推演統計的原理，證明各種統計公式和定理，說明其來源，以理論研究為主，適合於數學基礎較好的理工科學生研究；而應用統計則著重在討論統計的方法如何在實務上加以應用。由於應用的領域不同，而有人口、政治、經濟、教育、商業、工程、生物、醫學、……等統計學，這也就是生物統計學產生的原因。

生物統計學(Biostatistics)係應用統計學的一支，研究對象著重在有機物或有生命的東西（包括動植物、人類及昆蟲等）發生變化現象者。

雖然有各種不同之統計學名稱，但其所用之原理及方法均大同小異，主要目的都是在於想要以有效的方法，用有限的資料去推測及瞭解一般事物的真相。

　　很多人一聽到統計學就認為這是一門難度很高且不易學習的學科，其實不然，統計學的方法是簡單的數學公式的應用，至於學習應用統計學，只要有普通的數學程度就綽綽有餘了，甚至只要能將蒐集或試驗所得的資料，以簡單的數學公式處理後，對資料的性質能加以解釋即可。只不過在碰到問題時，要如何根據試驗的資料性質及目的，慎選適當的統計方法，來導出正確的結論，則是一門學問。因此，在學習統計學時，首先應該要瞭解統計學專有名詞的涵義及概念，其次，要瞭解各種統計方法的功用，以避免選用不適當的統計方法。

1-2　資料的取得

　　一般說來，統計可說是利用少數的資料對有興趣的母體做推論的一種有效方法，而此處所謂的**母體**(population)或稱為群體，可說是研究者欲研究事物對象（數值、人員、測量等）的全體，而從母體內取出的部份個體就稱為**樣本**(sample)。

　　舉例來說，有一陣子，幼兒感染手口足病非常嚴重，當我們想知道台中市所有幼兒園學童感染的情況，以便對是否需要停課作一決定，因此就抽了 10 所幼兒園學童調查其平均感染率。在此例中母體就是台中市所有幼兒園學童，而樣本就是被抽出的 10 所幼兒園學童。

　　接下來的問題是會不會因為隨便的抽樣導致資料不具有客觀性、代表性，而影響正確的判斷。因此，再來要談的**抽樣**(sampling)則是利用適切的方法，從母體中抽出一部份樣本，作為觀察的對象。抽樣之方法可分為**簡單隨機抽樣、系統隨機抽樣、分層隨機抽樣**和**集群隨機抽樣**。

■ 1-2-1　簡單隨機抽樣(Simple Random Sampling)

　　從母體中抽樣時，每一個個體都有相同的機會被抽到，這就是簡單隨機抽樣。在實際操作時，如果母體不大，譬如一個班上有 50 位同學，我們要從中抽出 5 位擔任畢業旅行的執行委員，這時可以做 50 支籤丟到籤箱中，充分混合後，再抽出 5 支籤即可。可是如果母體很大，就像統一發票開獎，事實上不太可能對每一張發票做一張籤，於是就用搖獎機，以號碼球搖出中獎號碼，仍不失為一公平的辦法。

可是如果沒有搖獎機的時候怎麼辦呢？這時就可以考慮使用隨機號碼表。隨機號碼表是利用搖獎機的原理，將 0 到 9 的數字一次又一次不斷的搖出，將這些數字連在一起就成了隨機號碼表。表內每一個數，0 到 9 出現的機會都一樣，整個表內 0 到 9 的數字出現的頻率也差不多。因為每個數字出現的機會都是相同的，因此隨機號碼表不論橫的、直的、斜的，甚至倒的用都可以。

表 1-1　隨機號碼表

10　09 73 25 33	76 52 01 35 86	34 67 35 48 76	80 95 90 91 17	39 29 27 49 45
37　54 20 48 05	64 89 47 42 96	24 80 52 40 37	20 63 61 04 02	00 82 29 16 65
08　42 26 89 53	19 64 50 93 03	23 20 90 25 60	15 95 33 47 64	35 08 03 36 59
99　01 90 25 29	09 37 67 07 15	38 31 13 11 65	88 67 67 43 97	04 43 62 76 06
12　80 79 99 70	80 15 73 61 47	64 03 23 66 53	98 95 11 68 77	12 17 17 68 33
66　06 57 47 17	34 07 27 68 50	36 69 73 61 70	65 81 33 98 85	11 19 92 91 70
31　06 01 08 05	45 57 18 24 06	35 30 34 26 14	86 79 90 74 39	23 40 30 97 32
85　26 97 76 02	02 05 16 56 92	68 66 57 48 18	73 05 38 52 47	18 62 38 85 79
63　57 33 21 35	05 32 54 70 48	90 55 35 75 48	28 46 82 87 09	83 49 12 56 24
73　79 64 57 53	02 52 96 47 78	35 80 83 42 82	60 93 52 03 44	35 27 38 84 35
98　52 01 77 67	14 90 56 86 07	22 10 94 05 58	60 97 09 34 33	50 50 07 39 98
11　80 50 54 31	39 80 82 77 32	50 72 56 82 48	29 40 52 42 01	52 77 56 78 51
83　45 29 96 34	06 28 89 80 83	13 74 67 00 78	18 47 54 06 10	68 71 17 78 17
88　68 54 02 00	86 50 75 84 01	36 76 66 79 51	90 36 47 64 93	29 60 91 10 62
99　59 46 73 48	87 51 76 49 69	91 82 60 89 28	93 78 56 13 68	23 47 83 41 13
65　48 11 76 74	17 46 85 09 50	58 04 77 69 74	73 03 95 71 86	40 21 81 65 44
80　12 43 56 35	17 72 70 80 15	45 31 82 23 74	21 11 57 82 53	14 38 55 37 63
74　35 09 98 17	77 40 27 72 14	43 23 60 02 10	45 52 16 42 37	96 28 05 26 55
69　91 62 68 03	66 25 22 91 48	36 93 68 72 03	76 62 11 39 90	94 40 05 64 18
09　89 32 05 05	14 22 56 85 14	46 42 75 67 88	96 29 77 88 22	54 38 21 45 98
91　49 91 45 23	68 47 92 76 86	46 16 28 35 54	94 75 08 99 23	37 08 92 00 48
30　38 69 45 98	26 94 03 68 58	70 29 73 41 35	53 14 03 33 40	42 05 08 23 41
44　10 48 19 49	85 15 74 79 54	32 97 92 65 75	57 60 04 08 81	22 22 20 64 13
12　55 07 37 42	11 10 00 20 40	12 86 07 46 97	96 64 48 94 39	28 70 72 58 15
63　60 64 93 29	16 50 53 44 84	40 21 95 25 63	43 65 17 70 82	07 20 73 17 90
61　19 69 04 46	26 45 74 77 74	51 92 43 37 29	65 39 45 95 93	42 58 26 05 27
15　47 44 52 66	95 27 07 99 53	59 36 78 38 48	82 39 61 01 18	33 21 15 94 66
94　55 72 85 73	67 89 75 43 87	54 62 24 44 31	91 19 04 25 92	92 92 74 59 73
42　48 11 62 13	67 34 40 87 21	16 86 84 87 67	03 07 11 20 59	25 70 14 66 70
23　52 37 83 17	73 20 88 98 37	68 93 59 14 16	26 25 22 96 63	05 52 28 25 62
04　49 35 24 94	75 24 63 38 24	45 86 25 10 25	61 96 27 93 35	65 33 71 24 72
00　54 99 76 54	64 05 18 81 59	96 11 96 38 96	54 69 28 23 91	23 28 72 95 29
35　96 31 53 07	26 89 80 93 54	33 35 13 54 62	77 97 45 00 24	90 10 33 93 33
59　80 80 83 91	45 42 72 68 43	83 60 94 97 00	13 02 12 48 92	78 56 52 01 06
46　05 88 52 36	01 39 09 22 86	77 28 14 40 77	93 91 08 36 47	70 61 74 29 41
32　17 90 05 97	87 37 92 52 41	05 56 70 70 07	86 74 31 71 57	85 39 41 18 38
69　23 46 14 06	20 11 74 52 04	15 95 66 00 00	18 74 39 24 23	97 11 89 63 38
19　56 54 14 30	01 75 87 53 79	40 41 92 15 85	66 67 43 68 06	84 96 28 52 07
45　15 51 49 38	19 47 60 72 46	43 66 79 45 43	59 04 79 00 33	20 82 66 95 41
94　86 43 19 94	36 16 81 08 51	34 88 88 15 53	01 54 03 54 56	05 01 45 11 76
98　08 62 48 26	45 24 02 84 04	44 99 90 88 96	39 09 47 34 07	35 44 13 18 80
33　18 51 62 32	41 94 15 09 49	89 43 54 85 81	88 69 54 19 94	37 54 87 30 43
80　95 10 04 06	96 38 27 07 74	20 15 12 33 87	25 01 62 52 98	94 62 46 11 71
79　75 24 91 40	71 96 12 82 96	69 86 10 25 91	74 85 22 05 39	00 38 75 95 79
18　63 33 25 37	98 14 50 65 71	31 01 02 46 74	05 45 56 14 27	77 93 89 19 36
74　02 94 39 02	77 55 73 22 70	97 79 01 71 19	52 52 75 80 21	80 81 45 17 48
54　17 84 56 11	80 99 33 71 43	05 33 51 29 69	56 12 71 92 55	36 04 09 03 24
11　66 44 98 83	52 07 98 48 27	59 38 17 15 39	09 97 33 34 40	88 46 12 33 56
48　32 47 79 28	31 24 96 47 10	02 29 53 68 70	32 30 75 75 46	15 02 00 99 94
69　07 49 41 38	87 63 79 19 76	35 58 40 44 01	10 51 82 16 15	01 84 87 69 38

* Reproduced from Table A-1 of Wifred J. Dixon and Frank J. Massey, Jr., Introduction to Statistical Analysis, 2nd edition, McGraw-Hill Book Co., New York, 1957.

　　假設一間醫院要從去年曾經住院的 500 名病患，抽出 10 位做家庭訪問，想得知其對醫院服務品質的看法。在利用隨機號碼表之前，必須先將病患加以編號 1～500，因為每一編號皆可視為一個 3 位數，因此由隨機號碼表中任意找三列或三行，逐一找出比 500 小的或一樣的 10 個三位數，即為所要的抽樣號碼。譬如說從表 1-1 中之第 2 列，第 5 行開始，找到數字為 2，用直尺以 3 位數為準，垂直劃二條線，由上而下比對（大於 500 的放棄），直至額滿為止。

	5	6	7	8 行			
2 列	2	0	4	8	→	204(∨)	(1)
3 列	2	6	8	9	→	268(∨)	(2)
4 列	9	0	2	5	→	902(×)	
5 列	7	9	9	9	→	799(×)	
6 列	5	7	4	7	→	574(×)	
7 列	0	1	0	8	→	010(∨)	(3)
8 列	9	7	7	6	→	977(×)	
9 列	3	3	2	1	→	332(∨)	(4)
10 列	6	4	5	7	→	645(×)	
11 列	0	1	7	7	→	017(∨)	(5)
12 列	5	0	5	4	→	505(×)	
13 列	2	9	9	6	→	299(∨)	(6)
14 列	5	4	0	2	→	540(×)	
15 列	4	6	7	3	→	467(∨)	(7)
16 列	1	1	7	6	→	117(∨)	(8)
17 列	4	3	5	6	→	435(∨)	(9)
18 列	0	9	9	6	→	099(∨)	(10)

　　因此決定對編號 204，268，10，332，17，299，467，117，435，99 等 10 位病人，進行家庭訪視，如果要抽樣的數目太多，垂直的三行不夠用時，則轉到右邊的三行，以此類推，周而復始，即可得到任何數目的隨機號碼。

　　不過，當研究者進行田野調查時，身上沒帶隨機號碼表時，該怎麼辦呢？還是可由其他方法來獲得隨機號碼，例如我們要從 18 個地點選出 4 個，這時可用經過車輛之牌照號碼後 4 碼，譬如 0853，3167，1607，7249。

$$0858 \div 18 = 47 \text{ 餘 } 12，12 + 1 = 13$$
$$3167 \div 18 = 175 \text{ 餘 } 17，17 + 1 = 18$$
$$1607 \div 18 = 89 \text{ 餘 } 5，5 + 1 = 6$$
$$7249 \div 18 = 402 \text{ 餘 } 13，13 + 1 = 14$$

由於除以 18 之後的餘數為 0 至 17，而地點編號為 1 至 18，所以將餘數各加 1，最後就可決定對 6，13，14，18 四個地點取樣，或者考慮使用千元大鈔上的號碼也可。

「**隨機**」取得樣本在生物學的研究中尤其重要，例如想以草莓醬製成的誘餌陷阱，捕捉昆蟲來測量其體重時，我們應該想到通常誘捕到的昆蟲多為飢餓的昆蟲，而飢餓的昆蟲體重往往較輕，換言之，此例中飢餓而體重較輕的昆蟲有較大的機會自母體中被選取出來，此即不符「母體中每個樣本單位都有相同被選取機會」的隨機抽樣原則，由此估算出的體重也就無法代表整個母體。且有時抽樣所產生的誤差根本無法得知，因此，當我們懷疑抽樣可能有偏差時，就應該特別注意，並於結果說明時，將之考慮在內。

■ 1-2-2 系統隨機抽樣(Systematic Random Sampling)

系統隨機抽樣又稱等距抽樣，也就是有規則的從母體中，每間隔一定的距離抽取一個樣本。如果有一班級總共有 60 名學生，想從其中抽出 6 名擔任公差，系統抽樣法則先計算抽樣區間的長度，即 60/6=10，再以簡單隨機抽樣，由 1 到 10 中抽一個數，假設為 2，則 2、12、22、32、42、52 等 6 名學生即為出公差的學生。

使用此法的優點有三：

(1) 可節省編製名冊及抽取號碼的手續，此外系統抽樣法也可用相同的間隔、時間、距離、空間作為抽樣的標準。例如飲料工廠的生產線上，品管人員常每隔一定的數目抽出一瓶，測量其容量是否合乎標準，因為機器生產的速度是固定的，也可每隔一段時間來抽測。調查河水的深度時，每一百公尺測量一次是用相同的距離。調查都市內土地的利用情形，若把土地分成若干相等的小塊，每隔 5 塊調查一塊，則是用相同的空間作抽樣的標準。

(2) 使抽出的樣本單位普遍出現於母體各部份，而不過分集中。雖然簡單隨機抽樣法可使母體的各單位有相等的機會出現，可是由於機會的變化性（就像一顆骰子六面朝上的機會是相等的，可是丟 12 次之後，不見得 1~6 的數字都是出現各 2 次），樣本單位的分佈常有集中而不普遍的現象，例如自全省抽出數戶作樣本，用簡單隨機抽樣法，常會發生若干鄉鎮沒有樣本或樣本過於集中少數地

區的情形。用系統抽樣法就可以避免這種現象，可使樣本均勻的
散佈於各鄉鎮，以增加樣本的代表性。

(3) 若事先把母體各單位按一定的層次排列，則系統抽樣法實在具有
分層抽樣法的效果。

■ 1-2-3　分層隨機抽樣(Stratified Random Sampling)

如果個體在母體中分布並不平均，我們可以先把性質類似的個體歸為
一類，稱為 **"層"** ，然後在每一層中，依簡單隨機抽樣法，抽出需要的樣
本數，為什麼需要這麼麻煩呢？假設學校有三個系的學生修生物統計學，
甲系有 60 名，乙系有 120 名，丙系有 180 名。現在欲從中抽樣 30 名來調
查其反應，如果依照前述的簡單隨機抽樣法，先把學生編號 1~360，再從
中抽出 30 名，萬一結果是甲系 8 名，乙系 13 名，丙系 9 名，如此一來，
丙系學生的意見所佔的比例似乎和其原來人數比例不太相稱，因此為了避
免簡單隨機抽樣的樣本發生過分集中於某種特性，或缺乏某種特性的現象
時，就需用到分層隨機抽樣了。

此時抽樣的方式可改為：

$$甲系抽\ 30 \times \frac{60}{360} = 5\ 名$$

$$乙系抽\ 30 \times \frac{120}{360} = 10\ 名$$

$$丙系抽\ 30 \times \frac{180}{360} = 15\ 名$$

這種以各層所佔的比例，來決定抽樣個數的方法又稱為比例抽樣法。

採用此法之理由有四：

(1) 如母體之某些部份所要求之準確度已知時，則將各層視為獨立的
母體來處理較為有利。

(2) 行政上的方便，各層分人負責，不但費用可減少，且準確度亦可提高。

(3) 在母體內不同部份，抽樣的問題，可能有顯著的差異，則分層可
方便做適當的調整，應用各種可行的方法來處理。

(4) 分層通常可使樣本推算值之差異減小，亦即可使整個母體特徵的
推論值之精密度提高。

■ 1-2-4　集群隨機抽樣(Cluster Random Sampling)

集群隨機抽樣是將母體按某種標準分成若干**集群**(cluster)，然後在所有的集群中，隨機抽出數個集群，並對被抽到的集群作全面調查。例如教育部欲對全國中學生做升學調查，此時學校可視為集群（因為學校可看成是母體的縮影），則抽出幾個學校之後加以全部調查，而不必長途跋涉到每個學校去抽樣，可以節省更多的時間、人力。

採用此法有二個優點：

(1) 當母體資料缺少可資利用的名冊時，集群抽樣法可以解決此問題。

(2) 有時雖可編造名冊，但由於編造名冊費用太高，可採用集群抽樣法避免之。

一般而言，當母體很大時，常採用**多步驟抽樣**(multi-stage sampling)，例如欲調查台中市各國小學童罹患近視的情形，此時可以簡單隨機抽樣法抽取若干學校，再由被抽中的學校中，以集群抽樣法抽出若干班級，對全班的學生都做調查。

最後，抽樣的方法還有很多，但是基本的法則其實都是類似的。而每次在抽樣時，樣本數要多少才合適呢？如果樣本太少，就沒有母體的代表性，也就失去調查或實驗的意義，而樣本太大，只是徒然浪費時間和金錢。如何決定樣本的大小，將在後面章節提到，不過一般作任何實驗所須的樣本至少需要三個以上，如果樣本內個體之間的差異較大，樣本就要多一些，例如使用新藥物治療某種疾病，因為實驗對象來源較複雜，所需病人數就要多一些，倘若這些病人是幼兒，因其身體狀況的差異較小，則可採用較少的樣本。有時在某些特定地區或時間內，無法取得足夠的病人作為樣本，則此種樣本要當作隨機樣本來處理可能不太合理，因此決定樣本數時必須謹慎。

1-3 資料之性質

　　既然我們會依據目的去觀察或試驗而得到一些資料，這些資料可能是非數字性的，例如消費者的性別、地區……等性質資料，而數字資料可能是無秩序排列，亦可能成對排列，如下例：

減肥前體重	98	53	67	78
減肥後體重	85	54	59	70

單 位 產 量	274	238	184	252
施　肥　量	16	12	9	14

　　一般來說，所關注的問題的性質，以及分析的應用方法，會受到資料的性質和結構的影響，如上所示成對的體重資料，我們所關心的是在接受減肥計畫前後，體重的減輕是否有顯著差異。另一成對單位產量及施肥量，關注的重點則是兩項因素間是否存在某種關連性。對此，即需應用不同的分析方法來處理。由往後各章探討的主題，將可更清楚地瞭解到資料的結構和性質，都會影響到分析方法的選擇。

　　數字資料的取得可由計數或測量而得到，其型態可分為**間斷（離散）**(discrete)和**連續**(continuous)二種，間斷資料由有限個可能數值或可計數的可能數值產生。例如人數、病床、施藥後存活的昆蟲數……等（像數學的整數），而連續資料則由無限個可能數值產生，這些數值對應的點密集分布在一連續線段上（像數學的實數），例如出生嬰兒的體重、身高、體溫等。

　　另一常用資料分類的方式，係將測量的尺度分為名目、順序、等距，比率四種。

■ 1-3-1 名目尺度(Nominal Scale)

　　指由資料的名稱、科別或數目的特徵來代表資料。例如性別可分為男性和女性，血型可分為 O 型、A 型、B 型、AB 型，調查可回答：是、否、無意見。此類型資料沒有數字大小或比例的意義，純粹只是為了分類方便而已。

■ 1-3-2　順序尺度(Ordinal Scale)

指可依某次序排列的資料，但資料數值間的差距不是不確定就是無意義，例如比賽的金牌、銀牌、銅牌，考試的第一名、第二名、第三名，雖然第一名比第二名好，第二名比第三名好，但不能說第一名，第二名的程度差距和第二名，第三名的差距是一樣，再請注意，此類資料不能用來作加減乘除的計算。

■ 1-3-3　等距尺度(Interval Scale)

除了有順序尺度所能表達的訊息($=$，$\neq$，$<$，$>$)以外，資料間的差數具有意義，但和下面比例尺度又有所不同，常用的攝氏溫度是一個最好的例子，因為溫度計上的每刻度都是相等，我們可以說 40°C 和 30°C 間的溫差和 20°C 和 10°C 間的溫差是一樣，但因為 0°C 是設定的，所以不能說 20°C 是 10°C 的兩倍熱。

■ 1-3-4　比率尺度(Ratio Scale)

可看成是等距尺度的修正，能涵蓋慣常的零起點。這類數值的差和比值均有意義，也是一般最常見的數值，例如長度、重量、時間、體積都是這類資料。因此你可以說 50 公斤是 100 公斤的一半，20 呎的樹是10 呎的樹的兩倍高。

1-4　EXCEL 與生物統計

雖然生物統計對於資料常常只需作一些加減乘除，可是只靠計算機，仍然覺得太過煩瑣，而目前最常用的統計軟體有 Minitab、SPSS（社會科學統計軟體）、SAS（統計分析系統）和 BMDP（生物醫學資料處理）。不過，我們今天要介紹的是一般電腦上都有的 OFFICE 中之 EXCEL，其內附的功能，也能解決很多統計上的計算，在此僅就相關部份介紹，如想對 EXCEL 其他部份有完整了解，請參考市面上的相關書籍。

ılıl 啟動　EXCEL

【開始／所有程式／Microsoft Office／Microsoft Excel 2010】

1. 按【開始】一下，出現功能表。
2. 將指標移到【程式集】，出現次功能表。
3. 選擇【Microsoft Excel】。

ılıl 畫面的介紹

1. **資料編輯列**：可在此輸入資料。

（如果在畫面上看不到此列，請勾選【檢視／資料編輯列】）

2. **欄名列**：最多可達 256 欄，同時可做資料的範圍設定，及欄寬的調整。

3. **列名欄**：最多可達 65536 列，同時可做資料的範圍設定，及列高的調整。

4. **工作表**：可在此直接輸入資料，有橫列，有直欄，其中每一空格稱為儲存格，其位址編號係以對應的欄號、列號為名。

每次開啟一個新的檔案，其中內附三張空白工作表，以供使用，如果覺得不夠，可按【檔案／選項／一般】，然後

再按【確定】，之後選【檔案／開新檔案】，即可得到一個內附九張空白工作表的新檔案。

5. **頁次標籤列**：每當需要切換工作表時，只需按下對應的工作表名稱鈕如工作表 1、工作表 2、工作表 3 即可。

而頁次標籤列的四個按鈕，其功能則為：

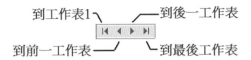

如果對工作表名稱不滿意，也可直接更改，方法為直接按該工作表名稱鈕二下，輸入新的名稱後按 Enter 即告完成。

資料的輸入

當你開始要輸入資料時，先決定要寫在工作表的哪一儲存格後，將指標移到該儲存格上按一下，使其呈現工作中狀態，即可開始輸入資料。

將指標移到儲存格 C3 按一下

輸入"產生 10 個隨機號碼"

此時，在資料編輯列左方的名稱列示方塊顯示 C3，其右方出現 ×✓*fx*，其中×代表放棄，✓代表資料輸入完成，*fx* 代表要插入函數。

將指標移到✓上按一下，表示資料輸入完畢，相同的動作也可用按鍵 Enter 或 Tab 完成。（請比較三者的差異）

資料的替換

如果將指標移到某一欲更換內容的儲存格上，按一下，輸入新的內容，則舊內容將完全被取代。

資料的局部修改

將指標移到欲修改內容的儲存格上，按二下（或按 F2 鍵），即可作局部修改，但是如果對修改後的內容不滿意，可以按資料編輯列的×放棄原先的修改。

資料的刪除

將指標移到該儲存格上，按一下，再按 Delete 鍵即可。

由於在 Excel 的使用過程中，常常需要告知電腦所要處理的儲存格範圍，所以接下來要講的是資料的選取。

資料的選取

☐ 選定單一儲存格：將指標移到該儲存格上，按一下。
☐ 選定多個儲存格：

1. **連續範圍**：先將指標移到該範圍左上角的儲存格上按一下，再按住 Shift 鍵不放，然後移動指標到該範圍右下角的儲存格上按一下後，放開手，即可完成選取。（同樣動作也可用拖曳完成），如果要放棄選取範圍，只需在其他空白儲存格上，按一下即可。

例題 1

選取 A5 到 C7。

將指標移到儲存格 A5 之上，按住左鍵拖曳到儲存格 C7。

2. **不連續範圍**：先按住 Ctrl 鍵不放，再逐一按左鍵選取需要之儲存格。

☐ 選定整欄（列）的儲存格：若要選取某一欄（列）的儲存格，只要將指標移到該欄（列）的編號上，按一下即可。

例題2

選取 B 欄

將指標移到欄號 B 上，按一下即完成選取。

	A	B↓	C	D	E
1					
2					
3			產生10個隨機號碼		
4					
5					

☐ 選定數欄（列）的儲存格：將指標移到起始欄（列）上，按住左鍵不放，拖曳到結束欄（列）上，再放開，即可完成選取。

例題3

選取 B 欄到 D 欄

將指標移到 B 欄上，按住左鍵不放，拖曳到 D 欄。

	A	B↓	C	D↓ 3C	E
1					
2					
3			產生10個隨機號碼		
4					
5					

☐ 選定整張工作表

按一下全選按鈕即可選取整張工作表。

在 Excel 中，可以使用的相關統計功能有三大部份，第一是【資料／資料分析】，第二是統計圖表的繪製，第三是統計函數。

☐ 若是在右上方找不到【資料分析】，則依下列步驟操作，即會出現。
檔案→選項→增益集→執行→☑分析工具箱→確定→資料→資料分析（右上方）

接下來，我們就以前面提到的隨機號碼為例，假設要從一個有 60 位同學的班級中，挑出 10 位擔任公差，1~60 代表相對座號，那麼要如何隨機產生 10 個號碼呢，以下就是詳細步驟：

1. 選取【資料／資料分析】
2. 選【亂數產生器】後按【確定】

3. 在亂數產生器視窗下
   變數個數：1（因為現在只有一個變數，座號）
   亂數個數：10（因為要產生 10 個座號）
   (1) 分配：**均等分配**
       Between：0 到 60（均勻的從大於 0 到小於 60 之間抽出數字）

(2) 亂數基值：3745

（隨意給的數字，電腦程式會根據此數去運作，如果不知道該給
多少，可參考手錶的時間。）

(3) 輸出範圍：A5：A14

（將產生的 10 個數字放在儲存格 A5 至 A14 上）

按【確定】

此時可看到 10 個數字已經出現在儲存格 A5 至 A14 上，但是跟原
來的預期好像有些差別，因為這些數字帶有小數，而我們要的座
號是整數，要將帶有小數的數字變成整數，最直接的想法是四捨
五入，可是在此是行不通的，因為均等分配所產生的數字是大於 0
而小於 60 之間的數字，有可能是 0.475362，四捨五入後會得到 0，
是無意義的座號，因此改為利用函數 INT（**儲存格**），它的作用是
將數字無條件捨去小數，但是在此光用 INT（　）仍然不夠，因
為得到的數字將是 0、1、2、3、…、59，所以正確答案是 INT（儲
存格）＋1。

4. 在儲存格 B5 內輸入=INT(A5)+1

	B5		f_x	=INT(A5)		
	A	B	C	D	E	F
5	22.46406	23				
6	39.18027					
7	18.86776					
8	13.81939					
9	6.342967					
10	8.364513					
11	58.3282					
12	25.91571					
13	24.06079					
14	16.90847					

在上圖中，儲存格 A5 的內容為 22.46406，經過函數 INT 運算後得 22，
再加 1 變成 23。

5. 接下來儲存格 B6 到 B14 的內容，只要重複步驟 4 即可，但在此介紹
一下 Excel 的快速複製功能，只要使用工作儲存格的自動填滿控制點
即可快速完成，方法是移動指標到儲存格 B5 的自動填滿控制點上，
這時指標會變成＋，再向下拖曳到 B14 就大功告成。

	A	B	C
5	22.46406	23	
6	39.18027		
7	18.86776		
8	13.81939		
9	6.342967		
10	8.364513		
11	58.3282		
12	25.91571		
13	24.06079		
14	16.90847		

	A	B	C
5	22.46406	23	
6	39.18027	40	
7	18.86776	19	
8	13.81939	14	
9	6.342967	7	
10	8.364513	9	
11	58.3282	59	
12	25.91571	26	
13	24.06079	25	
14	16.90847	17	

如果想把資料變成橫式，那麼先確定儲存格 B5 至 B14 已經選取，按【編輯／複製】，再將指標移到儲存格 A4 按一下，按【編輯／選擇性貼上】，選⊙值及 ☑ 轉置，按【確定】。

最後，公佈 10 位擔任公差座號：

23	40	19	14	7
9	59	26	25	17

習題

1. 判別下列資料是屬於何種資料型態，間斷或連續型態。
   (1) 醫院員工的薪資。
   (2) 醫院員工的年資。
   (3) 醫院員工薪資等級。
   (4) 急診室的求診病人等候人數。
   (5) 每天醫院的預約掛號次數。

2. 判別下列資料是屬於何種測量尺度，名目、順序、等距、或比率尺度。
   (1) 醫院名稱。
   (2) 病人的姓名。
   (3) 病人的性別。
   (4) 病人的出生年月日。
   (5) 病人的住址。
   (6) 看診的科別。
   (7) 病歷號碼。
   (8) 掛號證號碼。
   (9) 病人的體溫。
   (10) 病人的血壓。
   (11) 病人的身高。
   (12) 病人的體重。

3. 假設現有疾病 A 病人 50 名，今欲抽取 5 名測其血壓值，試利用表 1-1 之隨機號碼表的第 11 及第 12 行，選取 5 位患者。

4. 假設現有疾病 B 病人 100 名，試利用系統抽樣的方法，選取 10 位患者，測其尿酸值，假設起始號為 6。

5. 假設現有疾病 A 病人 100 名，疾病 B 病人 75 名，疾病 C 病人 125 名，試利用分層隨機抽樣的方法，選取 60 名測其發病年齡，則各種疾病之患者該選取幾名？

資料的整理

BI STATISTICS

2-1　次數分配表的編製

2-2　相對及累積次數分配表的編製

2-3　統計圖

2-4　EXCEL 與統計圖

2-1 次數分配表的編製

　　統計資料雖經蒐集，但往往甚為散漫且無秩序，如能加以整理，將其編製成如表 2.1 的次數分配表，則可使讀者在短短時間內瞭解試驗資料的大意。

表 2.1　50 位病人服用某種新藥後的收縮壓

收縮壓	人數
90~99	2
100~109	4
110~119	13
120~129	14
130~139	9
140~149	6
150~159	2
總計	50

　　次數分配表(Frequency Distribution Table)其實就是由數值的組別與對應的次數所組成的表，今以某一植物學家為了瞭解藥物對植物生長的影響，以隨機抽樣採得 100 個葉片長度數據為例，以 step by step 方式介紹，次數分配表的編製。

7.8	9.2	7.8	3.8	6.5	7.2	7.2	9.2	7.8	6.5
6.5	7.8	13.6	14.3	4.8	6.5	8.3	4.8	4.8	7.2
10.6	9.6	6.5	10.0	7.8	7.8	5.7	12.6	4.8	4.8
8.3	4.8	6.5	9.2	7.8	7.2	4.8	4.8	3.6	2.8
12.1	10.3	4.9	4.9	7.8	3.6	9.6	8.3	8.8	9.6
11.2	9.2	5.7	8.8	9.2	7.2	10.3	9.6	10.9	7.3
8.3	8.3	6.5	6.5	7.2	8.3	7.2	7.8	7.2	10.9
6.5	13.4	10.6	8.3	12.3	10.3	7.8	7.8	**1.9**	10.3
5.7	5.5	6.5	9.6	11.2	7.8	11.8	2.9	4.8	7.2
9.6	14.0	6.5	9.6	5.1	7.8	5.1	12.1	9.6	**14.9**

📊 步驟 1　決定全距

全距(Range)為樣本資料中最大值和最小值之差。

本例，樣本中最大值為 14.9，最小值為 1.9，全距為 14.9 −1.9=13。

📊 步驟 2　決定組數

一般說來組數很少有小於 5 組或超過 15 組，組數太多，整個表看起來太繁瑣，失去整理資料的意義，組數太少，容易遮蔽資料的特徵，所含資訊損失太多，容易產生誤差，故組數的多寡，應視研究的目的與資料的特性而定，基本上我們可以根據下表來決定組數，尤其更適用於分配較對稱的資料。

表 2.2　組數參考表

樣本數	樣本數	組數
$2^4+1\sim2^5$	17~32	5
$2^5+1\sim2^6$	33~64	6
$2^6+1\sim2^7$	65~128	7
⋮	⋮	⋮
$2^{m-1}+1\sim2^m$	$2^{m-1}+1\sim2^m$	m

本例的樣本數為 100，所以從上表中決定取組數為 7 組。

📊 步驟 3　決定組距

$$組距=\frac{全距}{組數}$$

組距 $=\dfrac{13}{7}\fallingdotseq 1.8571\approx 2.0$（通常為了方便及容納所有資料，可對組距作適當處理，取稍大而較整齊的數字）。

步驟 4　決定各組的界限

　　用來確定每一組數值的界限範圍者稱為組限，其中數值較小者稱為**下限**，數值較大者稱為**上限**，如表 2.1 中第一組【150~159】即為組限，而 150 為該組下限，159 為該組上限。在決定各組組限時，務必使最小一組的下限，比樣本資料中最小值為低，而最大一組的上限，比樣本資料中最大值為高。

　　本例由於決定將資料分成 7 組，而資料中的最小值為 1.9，所以可定最小一組的下限為 1.5，而組距為 2，因此 7 組的組限分別為：

1.5~3.5	3.5~5.5	5.5~7.5	7.5~9.5	9.5~11.5	11.5~13.5	13.5~15.5

步驟 5　歸類與劃記

　　將樣本資料逐一歸類於各組別中，五劃成一"正"字，在劃記時，須注意不要將與組限相同的數值資料，重複計數，通常在歸類劃記時，採用不含上限的分類法，也就是各組下限≤原始資料值<各組上限。

步驟 6　計算次數

表 2.3　100 個樣本葉片長度的次數分配表

長度	劃記	次數
1.5~3.5	下	3
3.5~5.5	正正正一	16
5.5~7.5	正正正正正	25
7.5~9.5	正正正正正一	26
9.5~11.5	正正正正	20
11.5~13.5	正一	6
13.5~15.5	正	4
總計		100

　　次數分配表正式列表時，劃記的符號並不列出，如表 2-4。另外由於分組後原始資料已無法由表中看出原貌，因此以每組的中點作為各組的代表，組中點＝（組下限＋組上限）÷2。

表 2.4　100 個樣本葉片長度的次數分配表

長度	次數
1.5~3.5	3
3.5~5.5	16
5.5~7.5	25
7.5~9.5	26
9.5~11.5	20
11.5~13.5	6
13.5~15.5	4
總計	100

編製次數分配表時，應注意下列原則：

1. 各組應具**互斥性**，使每一個數值僅有一組可歸類。

2. 各組應具**周延性**，使每一個數值都有組別可歸類，即使有的組別次數為 0 亦無妨。

3. 各組的組距應相等，但有時無可避免用到敞開組，例如調查嬰兒死亡時間，有些嬰兒一出生不久即死亡，所以可能會有一組歸類為【一小時以下】。

4. 各組的組限應多利用簡便數值。

5. 組數應在 5 至 15 之間選擇，樣本數小，用較少組數，樣本數大，則用較多組數。

2-2　相對及累積次數分配表的編製

為了方便與其他資料相互比較，我們將次數分配表中的組次數，計算出佔全部資料的比率，即**相對次數**＝各組次數÷總數，除了容易顯示與其他資料的差異外，並可協助我們對母體資料特性的瞭解。如表 2.5 及 2.6 即為相對次數分配表。

表 2.5　100 個樣本葉片長度分配表

長度	次數	相對次數
1.5~3.5	3	0.03
3.5~5.5	16	0.16
5.5~7.5	25	0.25
7.5~9.5	26	0.26
9.5~11.5	20	0.20
11.5~13.5	6	0.06
13.5~15.5	4	0.04
總計	100	1

表 2.6　美國嬰兒死亡年齡分配表

死亡年齡（月）	死亡人數	相對次數
0~2	48,324	0.8030
2~4	5,222	0.0868
4~6	2,756	0.0458
6~8	1,766	0.0293
8~10	1,214	0.0202
10~12	900	0.0150
總計	60,182	1

另外，從表 2.1 中，有時候我們也想知道觀察值大於或小於某一數值的次數有多少，此時可以使用累積次數分配表加以表示。此處所謂的**累積次數**係指低於每組上限所佔的次數。若再除以總數，則為**相對累積次數**。

表 2.7　50 位患者收縮壓累積次數分配表

收縮壓	人數	累積次數	相對累積次數
90~99	2	2	0.04
100~109	4	6	0.12
110~119	13	19	0.38
120~129	14	33	0.66
130~139	9	42	0.84
140~149	6	48	0.96
150~159	2	50	1
總　　計	50		

從表 2.7 可以得知收縮壓低於 130 的人數總共有 33 人，其相對累積次數為 0.66。

 2-3　統計圖

■ 2-3-1　直方圖(Histogram)

雖然經過表格化的資料的確令人在閱讀上方便了許多，對資料的分佈也較易掌握，可是如果能以圖示的方法來表示，將可使人對各組間重要性的差異及整體分佈形態的特徵，更加的清晰及印象深刻。表達連續資料之次數分配表的次數分配圖為**直方圖**，其標準形式是以縱軸表示次數，橫軸代表資料的數值，並以長方形代表各組，各長方形的寬為組距，高為對應次數，此種圖形適用於**連續型態**的資料。

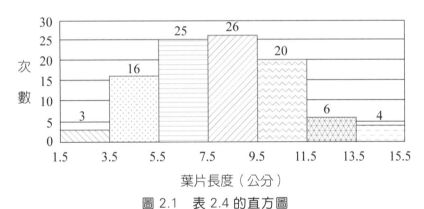

圖 2.1　表 2.4 的直方圖

■ 2-3-2　長條圖(Bar Chart)

我們以調查汐止地區 20 戶家庭的孩子數為例，表 2.8 為其次數分配表，圖 2.2 即為其次數分配圖—長條圖，必須注意的是在此圖形內每一長條並不相連，用以表示此種資料是**不連續**的間斷型態數值。

表 2.8

孩子數	次數
1	6
2	10
3	2
4	1
5	1
總計	20

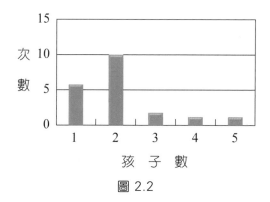

圖 2.2

■ 2-3-3　圓形圖(Pie Chart)

　　表 2.8 的資料亦可用圓形圖來表示，要建立一個圓形圖並不難，只要依照適當比例切割圓形即可，如圖 2.3 所示。

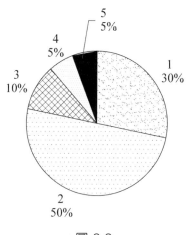

圖 2.3

■ 2-3-4　次數多邊圖

　　如果以次數分配表為基礎，改用折線圖表示，則稱為**次數多邊圖**，這是另一種表達次數分配表的圖形。而以累積次數為縱軸的次數多邊圖，則稱為**累積次數多邊圖**，或稱為**肩形圖**。

　　我們以表 2.4 為例，作成累積次數分配表 2.9，所完成之次數多邊圖及累積次數多邊圖，如圖 2.4 及 2.5 所示。

表 2.9　100 個樣本葉片長度的累積次數分配表

長度	組中點	次數	累積次數
1.5~3.5	2.5	3	3
3.5~5.5	4.5	16	19
5.5~7.5	6.5	25	44
7.5~9.5	8.5	26	70
9.5~11.5	10.5	20	90
11.5~13.5	12.5	6	96
13.5~15.5	14.5	4	100
總計		100	

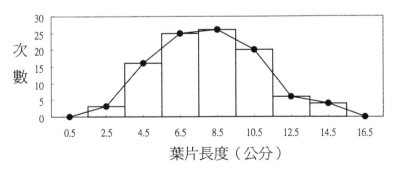

圖 2.4　100 個樣本葉片長度的次數多邊圖

　　在繪製次數多邊圖時，先將各組中點標示的橫軸上，再以各組次數為高度，標以圓點，然後將相鄰各點以直線相連，最後再將第一組和最後一組的連線各延長半個組距和橫軸相交，即可得到次數多邊圖。

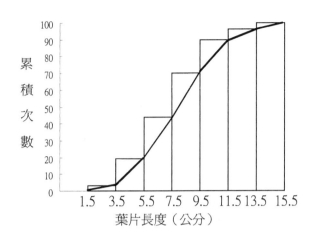

圖 2.5　100 個樣本葉片長度的累積次數多邊圖

　　在繪製累積次數多邊圖時，必須注意起點是從第一組的下限開始，並假設其出現次數為 0，接著連往各組的上限，以該組對應的累積次數為高度，即可完成。

■ 2-3-5　莖葉圖(Stem-Leaf Chart)

　　次數分配表最大的缺點是將資料歸類於各組別後，原來資料就無從考察，因此就造成資訊的損失，尤其是需要使用資料作各種運算時更容易發生誤差。**莖葉圖**就是一種圖與表合併表達資料的方法，莖葉圖乃是將每個觀測值之數字分成兩部份，前段部份稱為導數(Leading Digit)，後段部份稱為繼數(Trailing Digit)。以導數為「**莖**」，由上往下排，再以繼數為「**葉**」，依次橫排。而若將各橫排的數字加以排序，所得之莖葉圖，即稱為**有序莖葉圖**。

例題 1

將下列數字整理成一有序的莖葉圖。

54,63,24,35,42,27,49,56,60,51,38,25,36,32,45。

解

2	475		2	457
3	5862		3	2568
4	295		4	259
5	461		5	146
6	30		6	03

十位數‖個位數　　　　　　十位數‖個位數

導數　　繼數　　　　　　　導數　　繼數

　　圖 2.6　莖葉圖　　　　　圖 2.7　有序莖葉圖

2-4　EXCEL 與統計圖

　　在人工作業的環境下，繪製統計圖表是一件耗時又費神的工作，如果不滿意就想修改，更是傷透腦筋，Excel 為此提供了強大且方便的工具，接下來我們就看看如何以 Excel 內附的功能，來完成本章主要的圖表。

　　一般在製作次數分配表時，雖然步驟很簡單，但在歸類與劃記時，如果樣本數很大，仍然會覺得眼花撩亂，現在我們就使用 Excel 來完成一個次數分配表及直方圖。

製作次數分配表及繪製直方圖

首先將原始資料輸入 Excel 儲存格範圍 A1 至 J10 中

	A	B	C	D	E	F	G	H	I	J
1	7.8	9.2	7.8	3.8	6.5	7.2	7.2	9.2	7.8	6.5
2	6.5	7.8	13.6	14.3	4.8	6.5	8.3	4.8	4.8	7.2
3	10.6	9.6	6.5	10	7.8	7.8	5.7	12.6	4.8	4.8
4	8.3	4.8	6.5	9.2	7.8	7.2	4.8	4.8	3.6	2.8
5	12.1	10.3	4.9	4.9	7.8	3.6	9.6	8.3	8.8	9.6
6	11.2	9.2	5.7	8.8	9.2	7.2	10.3	9.6	10.9	7.3
7	8.3	8.3	6.5	6.5	7.2	8.3	7.2	7.8	7.2	10.9
8	6.5	13.4	10.6	8.3	12.3	10.3	7.8	7.8	**1.9**	10.3
9	5.7	5.5	6.5	9.6	11.2	7.8	11.8	2.9	4.8	7.2
10	9.6	14	6.5	9.6	5.1	7.8	5.1	12.1	9.6	**14.9**
11										

原來的分組為

1.5~3.5	3.5~5.5	5.5~7.5	7.5~9.5	9.5~11.5	11.5~13.5	13.5~15.5

將組界輸入 Excel 儲存格範圍 A12 至 F12 中

	A	B	C	D	E	F
12	3.5	5.5	7.5	9.5	11.5	13.5

選取【資料／資料分析】，在分析工具下選【直方圖】，按【確定】。

在直方圖視窗內，鍵入

　輸入範圍：A1：J10

　組界範圍：A12：F12

⊙輸出範圍：A14

☑圖表輸出

按【確定】

馬上在儲存格 A14 出現次數分配表及直方圖。

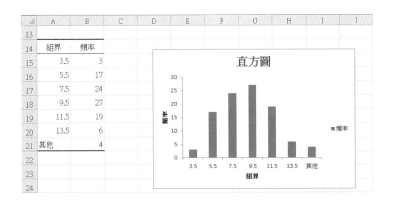

不過，在比較出現於儲存格 A14 的次數分配表及原先做好的表 2.4，會發覺二者有差異，主要的分別在於原來的歸類原則為各組下限≤原始資料值<各組上限，而 Excel 的歸類原則為

範圍	組界	頻率
原始資料≤3.5	3.5	3
3.5<原始資料≤5.5	5.5	17
5.5<原始資料≤7.5	7.5	24
7.5<原始資料≤9.5	9.5	27
9.5<原始資料≤11.5	11.5	19
11.5<原始資料≤13.5	13.5	6
13.5<原始資料	其他	4

如果要產生累積相對次數百分比，只要在前面直方圖視窗內選☑累積百分率，即可產生。

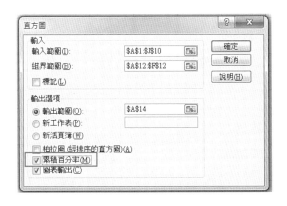

組界	頻率	累積%
3.5	3	3.00%
5.5	17	20.00%
7.5	24	44.00%
9.5	27	71.00%
11.5	19	90.00%
13.5	6	96.00%
其他	4	100.00%

稍微修飾 ⇨

長度	次數	累積相對次數
1.5~3.5	3	3.00%
3.5~5.5	17	20.00%
5.5~7.5	24	44.00%
7.5~9.5	27	71.00%
9.5~11.5	19	90.00%
11.5~13.5	6	96.00%
13.5~15.5	4	100.00%
總計	100	

附註：各組下限<原始資料值≦各組上限

直方圖的修飾

　　雖然從上述幾個簡單步驟就得到直方圖，不過可以發覺和原本預期的圖形不太一樣，因為葉片長度是連續型態數值，所以其長條應該是相連的，接著我們來看看在 Excel 中如何把分開的長條，變成相連。

📁 **步驟 1**

　　改成直方圖：

　　將指標任選一根長條，按右鍵，選資料數列格式。

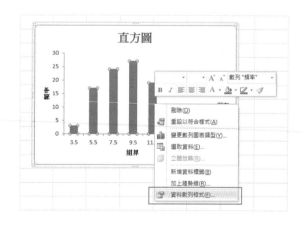

　　在資料數列格式視窗下，將類別間距從 150%改變成 0%，按【關閉】。

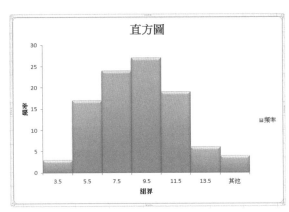

📁 **步驟** 2

修改橫軸組界：有兩種方式，第一種以組中點表示，只需直接將分配表內各組組界改成組中點。

組界	頻率
3.5	3
5.5	17
7.5	24
9.5	27
11.5	19
13.5	6
其他	4

改成

組界	頻率
2.5	3
4.5	17
6.5	24
8.5	27
10.5	19
12.5	6
14.5	4

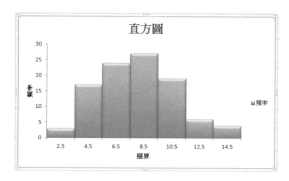

如果橫軸欲改成平常的**組界**，首先為了保持空白位置，將指標移至水平軸，按右鍵，將字型字彩改成白色，再插入水平文字方塊，調整適當大小後，鍵入 1.5、3.5、5.5、7.5、9.5、11.5、13.5、15.5。

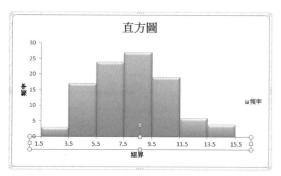

📁 **步驟 3**

修改標題：

將指標移至欲修改的標題，選取後，

圖表標題：直方圖改成 100 個葉片長度的直方圖

水平（類別）軸標題：組界改成葉片長度（公分）

垂直（數值）軸標題：頻率改成次數

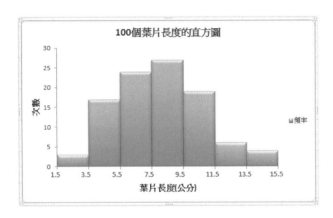

前面主要在介紹如何將樣本觀察值，依據給定組界快速獲得次數分配表及直方圖，但是如果已經動手完成分配表，那麼又如何快速畫好直方圖呢？現在我們就以表 2.8 為例作說明。

📁 **步驟 1**

首先將表 2.8 的資料，輸入 Excel 儲存格範圍 A1 至 B7 中。

	A	B
1	孩子數	次數
2	1	6
3	2	10
4	3	2
5	4	1
6	5	1
7	總計	20

	A	B
1	孩子數	次數
2	1	6
3	2	10
4	3	2
5	4	1
6	5	1
7	總計	20

□ **步驟 2**

選取儲存格範圍 A1 至 B6

□ **步驟 3**

按 F11 後，便見到 Excel 出現一張新的工作表 chart1，裡面有我們所要的圖。(也可使用【插入／直條圖／群組直條圖】)

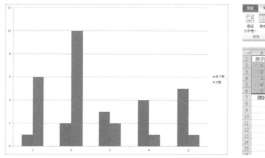

從上面的圖中，可以發覺原本應該被當成類別組名稱的孩子數，也被 Excel 當成數據繪製在圖上，而橫軸下方的 1、2、3、4、5，只不過是 Excel 判斷表格內無類別組名稱，自動給予的編號，剛好和孩子數一樣，此時可試試看將表格內孩子數改變，便可知道其中玄妙，接下來我們準備將圖中孩子數長條移去，並告知 Excel 正確的類別組名稱之所在。

□ **步驟 4**

對任意一根長條，按右鍵，選【選取資料】。

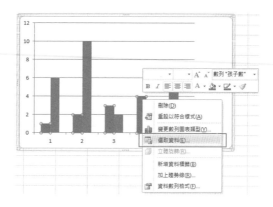

□ **步驟 5**

從上方可看到數列 "孩子數" 是選取中，將指標移到 移除(R) 按一下。

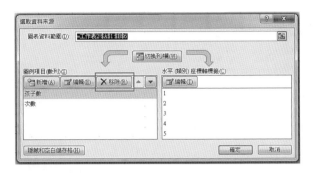

再將指標移到水平（類別）座標軸標籤，按【編輯】後，鍵入=工作表 1!A2：A6（工作表 1 的儲存格範圍 A2 到 A6），按【確定】。

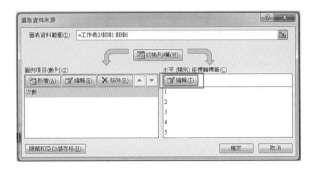

📂 **步驟 6**

請模仿前一個例子修改標題的步驟，完成下圖。

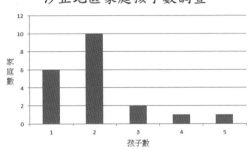

📊 **變更圖形**

在 Excel 中，想將畫好的圖形變更類型是很容易的，只要將指標移到圖上按一下，確定是選取中，再選【設計／變更圖表類型】），從變更圖表類型視窗中，選圓形圖。

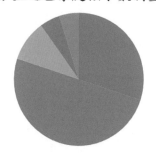

汐止地區家庭孩子數調查

如果希望將孩子數及百分比顯示在圖形內，選【設計／圖表版面配置／版面配置】，即可得到下圖。

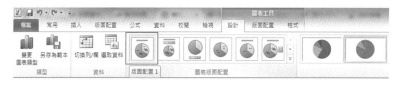

汐止地區家庭孩子數調查

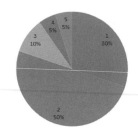

📊 繪製次數多邊圖

根據 page 29 表 2.9 的資料，在 Excel 開新檔案，因為繪製次數多邊圖時，須在前後各加一組組中點，對應之次數為 0，所以在儲存格範圍 A1 到 B10 輸入下列資料。

📂 **步驟 1**

選取儲存格範圍 A1 到 B10。

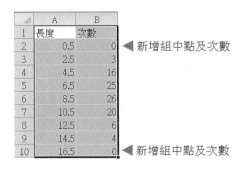

◀ 新增組中點及次數

◀ 新增組中點及次數

📂 **步驟 2**

選【插入／折線圖】。

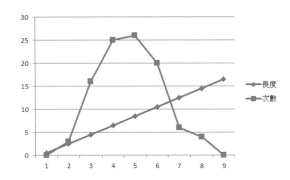

📁 **步驟 3**

請模仿 page 38 及 page 39 的操作，移除圖例項目（數列）：長度，並編輯水平座標軸標籤，告知座標軸標籤範圍=A2:A10。

次數多邊圖

（縱軸：次數，橫軸：葉片長度(公分)）

📊 繪製累積次數多邊圖

根據 page 29 表 2.9 的資料，在 Excel 選工作表 2，因為繪製累積次數多邊圖所需，保留長度範圍的上界，新增第 1 組之下界 1.5 及累積次數 0。

📁 **步驟 1**

選取儲存格範圍 A1 到 B9。

	A	B
1	長度	累積次數
2	1.5	0
3	3.5	3
4	5.5	19
5	7.5	44
6	9.5	70
7	11.5	90
8	13.5	96
9	15.5	100

◀新增第1組下界及累積次數

步驟 2

選【插入／折線圖】。

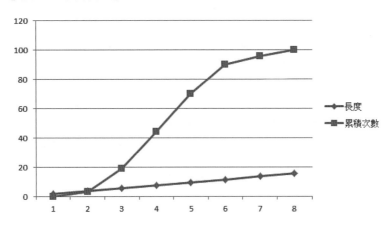

步驟 3

請模仿 page 38 及 page 39 的操作。

累積次數多邊圖

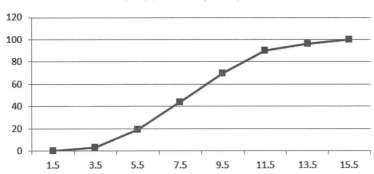

習 題

1. 某地區 20 名疾病 A 病人之發病年齡調查結果如下，試以每一年齡為一組，製作次數分配表，次數分配圖，及有序莖葉圖。

20	21	19	20	20	19	19	20	20	19
20	21	20	21	19	18	21	19	21	22

2. 已知某地區學童的體重資料如下（個數 40）：

30.2	29.8	44.2	37.8	25.4	23.6	33.5	40.3	40.8	25.6
32.6	34.3	28.5	36.0	35.7	41.8	32.6	34.7	39.5	42.4
24.9	25.8	29.5	34.8	35.0	25.3	35.1	36.0	35.6	41.6
25.9	42.5	25.4	37.4	35.3	43.5	44.6	34.4	35.2	34.6

試完成下表，並作次數分配圖、次數多邊圖、累積次數多邊圖及圓形圖。

體　　重	劃　　記	次　　數	累積次數	相對次數
20－25				
25－30				
30－35				
35－40				
40－45				
總　　計				

CHAPTER 03

敘述統計

BI STATISTICS

3-1　算術平均數(Mean)

3-2　中位數(Median)

3-3　眾數(Mode)

3-4　全距(Range)

3-5　標準差(Standard Deviation)

3-6　變異係數(Coefficient of Variation)

3-7　相關係數(Coefficient of Correlation)

3-8　EXCEL 與敘述統計

當我們將資料加以整理製成圖表後，能使得我們更有效率地瞭解此些資料分佈的特性，但有時我們想更進一步瞭解其集中的趨勢及變化的程度，就得藉由敘述統計量來加以分析了。

敘述統計量主要有兩類：一是位置統計量(statistic of location)，這一類的統計量是描述一個變數的樣本在一度空間的位置，是用來表示所觀測的樣本的一個代表值（或稱為集中趨勢量數），如平均數、中位數、眾數等皆是，另一是離勢統計量(statistic of dispersion)，這一類的統計量是描述資料的分散範圍，用來觀測個體彼此之間的差異情形，如全距、標準差、四分位差等皆是。

3-1 算術平均數(Mean)

統計資料在經過蒐集、分類、製表之後，仍須加以分析、比較，因此，在一般情形下，統計經常以一簡單的數量，來代表整個母體的中央趨勢，作為統計分析的衡量標準，但由於母體中之個體彼此之間仍然有差異存在，很難以某一個數量來顯示整體的共同性，因此，為了瞭解整個母體的集中趨勢，我們常以平均數來顯示這種特性，即**算術平均數**(arithmetic mean)。

算術平均數的計算方法，是把一個樣本的所有觀測值加起來，然後除以所有觀測值的個數。一般而言，以 x_1, x_2, …,x_N 代表母體資料，x_1, x_2, …,x_n 代表樣本資料，則母體算術平均數及樣本算術平均數分別以 μ 及 $\bar{x}$ 表示。

$$\mu = \sum_{i=1}^{N} x_i / N = \frac{x_1 + x_2 + \cdots + x_N}{N}$$

$$\bar{x} = \sum_{i=1}^{n} x_i / n = \frac{x_1 + x_2 + \cdots + x_n}{n}$$

■ 3-1-1　由未分組的資料求算術平均數

 例題 1

設有 20 個觀測值的資料如下，試求其算術平均數。

20.1	14.5	12.4	14.2	12.3
10.8	13.2	13.6	11.5	17.8
17.6	12.6	16.5	12.8	19.2
18.4	13.9	11.7	18.9	17.4

解

算術平均數

$$\bar{x} = \sum_{i=1}^{20} x_i / 20$$
$$= (20.1 + 14.5 + 12.4 + \cdots + 17.4)/20$$
$$= 299.4/20$$
$$= 14.97$$

今有一調查者想瞭解初生嬰兒的平均體重，根據某日甲乙兩醫院初生嬰兒的資料；得知甲醫院該日 8 名嬰兒的體重分別為：

| 3160 | 3230 | 3050 | 3295 | |
| 2830 | 3420 | 3575 | 2760 | （單位：公克） |

乙醫院該日 10 名嬰兒體重分別為：

| 2750 | 3268 | 3085 | 3180 | 2930 |
| 3348 | 840 | 3290 | 3254 | 2875 |

計算其算術平均數分別為 3165 及 2882 公克。一般來說，算術平均數常被用來當作測量資料中心位置的數值。不過，它有個缺點，就是容易受到極端數值的影響，這類資料，我們稱為**離群值**(outlier)。

此例中，乙醫院中有一名早產兒，體重只有 840 公克，使得計算出的平均體重偏低，那麼，是否可以將這些資料中的離群值捨去，以免造成平均數的低估呢？

在此介紹一種 10%**截尾算術平均數**(trimmed mean)，首先將各數值依小至大排列，其次將最前 10%和最後 10%之數值去掉，再求剩餘數值的平均數即可。如前述，將乙醫院資料中的最小值 840 及最大值 3348 移除，計算平均數得 3079 公克，此即所謂的截尾算術平均數。讀者並可自行計算 20%截尾算術平均數，將之作一比較。

■ 3-1-2 由已分組的資料求算術平均數

一群數值資料中常有許多相同的數值，若將此相同的數值資料合併在一起，作成次數分配表，再計算其算術平均數，將比使用未分組時的計算來得容易。

設有 n 個數值資料的次數分配如下：

變量	x_1	x_2	x_3	$\cdots$	x_k	總計
次數	f_1	f_2	f_3	$\cdots$	f_k	n

則算術平均數為：

$$\bar{x} = (f_1 x_1 + f_2 x_2 + \cdots + f_k x_k)/n$$
$$= (\sum_{i=1}^{k} f_i x_i)/n$$

 例題2

如一調查員調查 20 戶家庭中子女的個數，分類整理後結果如下，試求其算術平均數。

子女個數	1	2	3	4	5
次　數	2	8	5	3	2

解

算術平均數

$$\bar{x} = (1 \times 2 + 2 \times 8 + 3 \times 5 + 4 \times 3 + 5 \times 2)/20$$
$$= 55/20$$
$$= 2.75$$

則可知每戶家庭中子女的個數平均為 2.75 個。

若是已分組的次數分配表，則以各組的組中點來代替變量。設有 n 個數值資料的次數分配表如下：

組別	次數 f_i	組中點 x_i
$L_1 \sim U_1$	f_1	x_1
$L_2 \sim U_2$	f_2	x_2
$L_3 \sim U_3$	f_3	x_3
⋮	⋮	⋮
$L_k \sim U_k$	f_k	x_k
總計	n	

則其算術平均數為

$$\bar{x} = (f_1 x_1 + f_2 x_2 + \cdots + f_k x_k)/n$$
$$= (\sum_{i=1}^{k} f_i x_i)/n$$

 例題 3

已知疾病 A 的病人發病時年齡，分類整理後結果如下，試求其算術平均數。

年齡	35~40	40~45	45~50	50~55	55~60
次數	10	12	16	8	4

解

先求各組的組中點：

年齡	次數 f_i	組中點 x_i	$f_i x_i$
35~40	10	37.5	375
40~45	12	42.5	510
45~50	16	47.5	760
50~55	8	52.5	420
55~60	4	57.5	230
總計	50		2295

故其算術平均數為 $\bar{x} = 2295/50 = 45.9$

一般而言，統計資料通常很多，實在有必要簡化計算的方法，我們可在計算時，將各個數據予以簡化，先平移，再縮小，以使計算的數字更形簡單。

如上例：

(1) 因在第三組 45～50 中的人數最多，故可將各組的組中點減去該組的組中點，$(x_i-47.5)$。

(2) 因各組的組距皆為 5，故可再將所得的數字除以 5，即 $(x_i-47.5)/5$，令為 d_i。

(3) 再以此數字乘上各組的 f_i，則算術平均數

$$\bar{x} = 47.5 + 5 \times (\Sigma f_i d_i / 50)$$

如此計算，將可使結果更易得到。

年齡	次數 f_i	組中點 x_i	$x_i-47.5$	d_i	$f_i d_i$
35~40	10	37.5	−10	−2	−20
40~45	12	42.5	−5	−1	−12
45~50	16	47.5	0	0	0
50~55	8	52.5	5	1	8
55~60	4	57.5	10	2	8
總計	50				−16

$$\bar{x} = 47.5 + 5 \times (-16/50) = 45.9$$

例題 4

某植物學家想瞭解植物葉片生長的情形。今隨機抽樣抽取 100 片葉片做調查，資料整理後，得其次數分配表如下，試求其算術平均數。

長度（公分）	次數 f_i	組中點 x_i	d_i	$f_i d_i$
1.5~3.5	3	2.5	−3	−9
3.5~5.5	16	4.5	−2	−32
5.5~7.5	25	6.5	−1	−25
7.5~9.5	26	8.5	0	0
9.5~11.5	20	10.5	1	20
11.5~13.5	6	12.5	2	12
13.5~15.5	4	14.5	3	12
總計	100			−22

$$\overline{x} = 8.5 + 2 \times (-22/100) = 8.06$$

除了算術平均數之外，還有幾何平均數、調和平均數等。幾何學平均數通常用在微生物或血清資料的研究，而調和平均數在生物統計學上則較少用到，在此不予以介紹。一般對於滴定濃度的資料，在序列的稀釋過程中，其稀釋濃度可為 2 的乘方次數，如稀釋濃度為 16、8、4、2、1M，由於資料的間隔愈來愈小，故通常這類資料是屬於右偏的分佈。若將這些資料取對數，則資料的間隔幾乎是相同的，如 log2=0.3010、log4=0.6020、log8=0.9030、log16=1.2040，兩兩之間隔數為 0.3010。由經驗得知偏斜的資料經對數轉換後，較具有對稱性，然後再求其算術平均數較為適當。

設樣本資料為 $x_1, x_2, ..., x_n$，取對數後之平均值為

$$\overline{x} = \frac{1}{n}\sum_{i=1}^{n}\log x_i$$
$$= \frac{1}{n}\log(x_1 x_2 \cdots x_n)$$
$$= \log(x_1 x_2 \cdots x_n)^{\frac{1}{n}}$$
$$= \log \sqrt[n]{x_1 x_2 \cdots x_n}$$

則幾何平均數為

$$\overline{x}_g = 10^{\overline{x}} = \sqrt[n]{x_1 x_2 \cdots x_n}$$

 例題5

隨機選取 6 名患者，測其血液中之抗體滴定濃度，分別為 4、8、16、16、16、64，求其平均數。

解

此組資料之算術平均數為

(4+8+16+16+16+64)/6=20.67

幾何平均數為

$(4 \times 8 \times 16 \times 16 \times 16 \times 64)^{1/6} = 14.25$

對於此偏斜的資料以幾何平均數來表示其中心位置，似乎較為合理。

3-2 中位數(Median)

將一群數值資料按照其大小順序，由小到大排列後，位置居中的一數，稱為**中位數**，以符號 Me 表示之，此排列順序的過程稱為**排序**(sort)。中位數的求法，亦有下列兩種：

■ 3-2-1 由未分組的數值資料求中位數

設 n 個數值分別為 $x_1, x_2, x_3, …, x_n$，按其大小順序排列如下：

$$x_{(1)} \leq x_{(2)} \leq \cdots \leq x_{(n)}$$

若 n 為奇數，則 $Me = x_{(\frac{n+1}{2})}$。

若 n 為偶數，則 $Me = \dfrac{x_{(\frac{n}{2})} + x_{(\frac{n}{2}+1)}}{2}$。

 例題6

①　③　┆　⑤　⑦ ，$Me = \dfrac{(3+5)}{2} = 4$

　　　　中位數

①　③　⑤　⑥　⑦ ，$Me = 5$

　　　中位數

■ 3-2-2　由已分組的資料求中位數

設 n 個資料分組整理後，得次數分配表如下

組別	次數	以下累積次數
$L_1\sim U_1$	f_1	$c_1=f_1$
$L_2\sim U_2$	f_2	$c_2=f_1+f_2$
$L_3\sim U_3$	f_3	$c_3=f_1+f_2+f_3$
⋮	⋮	⋮
$L_k\sim U_k$	f_k	$c_k=f_1+f_2+f_3+\cdots+f_k$
總計	n	

則中位數必落在第 i 組的下限 L_i 與上限 U_i 之間，假設各組內各數值均勻的分佈在組距內，則落在 $Me\sim L_i$ 之間的次數為 $n/2-C_{i-1}$ 與落在 $U_i\sim L_i$ 之間的次數 f_i 成比例。

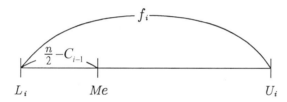

$$\frac{Me-L_i}{U_i-L_i}=\frac{n/2-C_{i-1}}{f_i}$$

$$Me=L_i+\frac{n/2-C_{i-1}}{f_i}(U_i-L_i)$$

同理可求得 $Me=U_i-\dfrac{C_i-n/2}{f_i}(U_i-L_i)$

例題 7

某國小學童一年級甲、乙兩班的智力年齡分組整理如下表所示，試求其中位數。

智力年齡（月）	甲班		乙班	
	次數	累積次數	次數	累積次數
44.5~54.5	1	1	1	1
54.5~64.5	6	7	8	9
64.5~74.5	12	19	16	25
74.5~84.5	20	39	25	50
84.5~94.5	8	47	7	57
94.5~104.5	3	50	3	60

(1) 因甲班人數為 50 人，故中位數指的是全班當中排名第 25 位學童的智力年齡，其計算方法如下：

由次數分配表的累積次數得知甲班排名第 25 位的同學位於 74.5~84.5 這組，故由比例來看得知

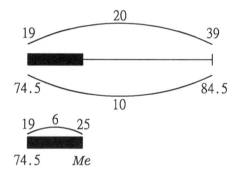

$$\frac{Me-74.5}{84.5-74.5}=\frac{25-19}{39-19}$$

$$\frac{Me-74.5}{10}=\frac{6}{20}$$

$Me=74.5+10\times(6/20)=77.5$（月）

(2) 因乙班人數為 60 人，故其中位數指的是全班當中排名第 30 位學童的智力年齡，其計算方法如下：

由次數分配表的累積次數得知乙班排名第 30 位的同學位於 74.5~84.5 這組，故由比例來看得知：

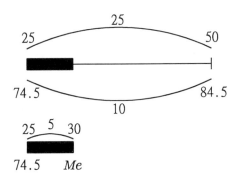

$$\frac{Me-74.5}{84.5-74.5}=\frac{30-25}{50-25}$$

$$\frac{Me-74.5}{10}=\frac{5}{25}$$

Me=74.5+10×(5/25)=76.5（月）

3-3　眾數(Mode)

　　一群數值資料中次數出現最多次的數，稱為**眾數**，以符號 Mo 表之。若是在次數分配圖中，則最高點所指的數值，就是眾數，而在一個分組的次數分配表中，眾數就沒有太大的意義，此時通常只須指明該眾數組(modal class)的組別即可，不須強調某一數值，但有時亦以該組的組中點來表示。

 例題8

　　求數值資料 12, 15, 16, 13, 14, 18, 15, 15, 16, 17, 15, 16 的眾數。

解

因數值資料 15 出現 4 次，故其眾數為 15。

 例題9

求數值資料 23, 34, 34 22, 26, 28, 28 的眾數。

解

因數值次數 28 及 34 各出現兩次，故眾數為 28 及 34 兩數。

表 3.1　集中趨勢量數的比較

量數	存在性	是否受離群值影響	適用的資料類型
平均數	有，唯一	是	名目尺度、順序尺度、等距尺度、比率尺度。
中位數	有，唯一	否	同上，但有離群值存在時，則較平均數常用。
眾數	不一定有，亦可能有一個以上。	否	名目尺度。

　　一般而言，在統計上通常以算術平均數來表示資料的集中趨勢，因為它的標準誤差比其他的位置統計量的標準誤差來得小，而且比較容易計算。但是平均數很容易受特殊的觀測值的影響，而中位數和眾數則比較不會。

☐ **偏態**(skewness)：是就次數分配曲線的偏斜程度而言。當次數分配曲線有所偏斜，也就是不對稱時，則稱此曲線具有偏態。

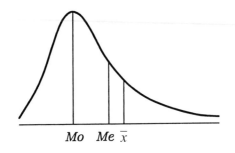　　　　　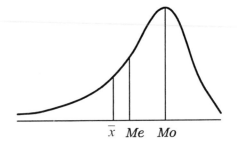

右邊數值資料個數較少，使得圖形往右延伸，是為正偏態（右偏）　　　左邊數值資料個數較少，使得圖形往左延伸，是為負偏態（左偏）

圖 3.1

　　一般而言，平均數、中位數、眾數三者之間的關係，可以下式約略表之。

$$Mo - \bar{x} \approx 3(Me - \bar{x})$$

　　而偏態係數可以公式 $S_k = \dfrac{\bar{x} - Mo}{\sigma}$ 計算，或以"動差"的方法計算之。（略）

　　當次數分配曲線呈對稱時，S_k=0，

　　當次數分配曲線呈正偏態時，S_k>0，

　　當次數分配曲線呈負偏態時，S_k<0。

□ **峰度**(kurtosis)：指的是次數分配曲線高峰的高聳程度而言。次數分配曲線較常態分配曲線平坦者，稱為**低闊峰**。次數分配曲線較常態分配曲線尖峻者，稱為**高狹峰**。

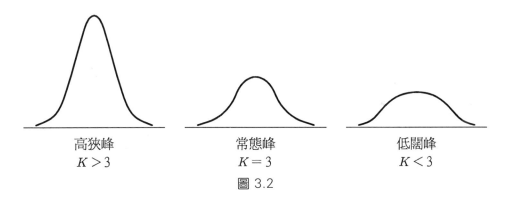

高狹峰　　　　常態峰　　　　低闊峰
$K > 3$　　　　$K = 3$　　　　$K < 3$

圖 3.2

　　而峰度係數的計算可以公式 $K = \dfrac{\Sigma(x_i - \bar{x})^4 / n}{\sigma^4}$ 計算之。一般而言，若峰度係數 K>3，則為高狹峰，若峰度係數 K=3，則為常態，若峰度係數 K<3，則為低闊峰。

3-4　全距(Range)

　　在一般情形下，統計經常以一簡單的數量（如平均數），來代表整個母體的中央趨勢，作為統計分析的衡量標準，但由於母體中之個體彼此之間仍然有差異存在，若只用一個數值來代表整個母體的狀況，尚嫌不

足，因此，還須尋覓另一數值，即差量（離勢），來表示母體內個體彼此之間分散的情形，並藉以測量平均數的可靠程度，此種衡量母體內個體彼此之間差異情形的量數，稱為差量或差異量數，也就是測量數值資料的離散程度。

離散程度的一種簡單表示法，就是**全距**。它是一群數值資料中最大數值與最小數值的差，以符號 R 來表示。

■ 3-4-1　由未分組的資料求全距

設有 n 個觀測值，其數值分別為 $x_1, x_2, x_3, \cdots, x_n$，
若其最大數為 $x_{(n)}$，最小數為 $x_{(1)}$，則全距 $R=x_{(n)}-x_{(1)}$。

 例題10

設有 20 個觀測值的資料如下，試求其全距。

20.1	14.5	12.4	14.2	12.3
10.8	13.2	13.6	11.5	17.8
17.6	12.6	16.5	12.8	19.2
18.4	13.9	11.7	18.9	17.4

解

最大數 $x_{(20)}=20.1$，最小數為 $x_{(1)}=10.8$
則全距 $R=x_{(20)}-x_{(1)}=20.1-10.8=9.3$

■ 3-4-2　由已分組的資料求全距

原始資料經分組整理作成次數分配表後，即棄置不用，因此資料經過分組整理後，無法知道原有資料的最大值與最小值，此時，通常以最大組的上限 U_k，代表最大值；最小組的下限 L_1，代表最小值，則其全距 $R=U_k-L_1$。

例題 11

某國小學童一年級甲、乙兩班的智力年齡分組整理如下表所示，試求其全距。

智力年齡（月）	甲班次數	乙班次數
44.5~54.5	0	1
54.5~64.5	6	8
64.5~74.5	12	16
74.5~84.5	20	25
84.5~94.5	8	7
94.5~104.5	4	3

 解

甲班學童的智力年齡的全距為 $104.5 - 54.5 = 50$

乙班學童的智力年齡的全距為 $104.5 - 44.5 = 60$

一般而言，全距的大小易受極端數值的影響而改變，所以全距只是估計一個樣本離散程度的粗略統計量。在樣本數不大或樣本資料受抽樣誤差影響較小（如母體資料原本就較集中）時，可考慮使用全距來衡量離勢較方便。例如食品工業的品質管制，股票價格的變動……等。

3-5　標準差(Standard Deviation)

標準差乃是以資料的算術平均數為中心，用以計算全部資料與算術平均數的平均距離，其表明整個資料的離散程度較全距為優。

一群數值資料中各項數值與算術平均數之差，稱為離均差。變異數乃是一群數值資料中各項數值離均差平方的算術平均數，而標準差乃是變異數的正平方根，變異數雖能表示資料的離散程度，但因其單位為原始資料的平方，並不適於表示資料的離散程度，因此，一般均以標準差表示其離散程度。

設 $x_1, x_2, \cdots, x_N$ 為母體資料，母體平均數為 μ，則母體標準差為

$$\sigma = \sqrt{\frac{1}{N}\sum_{i=1}^{N}(x_i - \mu)^2}$$

若 $x_1, x_2, \cdots, x_n$ 為樣本資料，樣本平均數為 $\bar{x}$，則樣本標準差為

$$s = \sqrt{\frac{1}{n-1}\sum_{i=1}^{n}(x_i - \bar{x})^2}$$

而 σ^2 稱為**母體變異數**(Population Variance)，s^2 稱為**樣本變異數**(Sample Variance)。

■ 3-5-1 由未分組的資料求標準差

例題 12

試求樣本資料 12, 10, 7, 16, 25 的標準差。

解

$\bar{x} = \dfrac{(12+10+7+16+25)}{5} = 14$，則

$s = \sqrt{\dfrac{1}{5-1}[(12-14)^2 + (10-14)^2 + (7-14)^2 + (16-14)^2 + (25-14)^2]}$

$= \sqrt{\dfrac{194}{4}} = 6.96$

■ 3-5-2 由已分組的資料求標準差

將 n 個資料分成 k 組，設各組內的次數為 f_i，且各組數值以組中點為代表，

組別	次數 f_i	組中點 x_i
$L_1 \sim U_1$	f_1	x_1
$L_2 \sim U_2$	f_2	x_2
$L_3 \sim U_3$	f_3	x_3
$\vdots$	$\vdots$	$\vdots$
$L_k \sim U_k$	f_k	x_k
總計	n	

則此 n 個資料的標準差為

$$s = \sqrt{\frac{1}{n-1}\sum_{i=1}^{k} f_i(x_i - \overline{x})^2}$$

$$= \sqrt{\frac{1}{n-1}\sum_{i=1}^{k} f_i\left[(x_i - A)^2 - (\overline{x} - A)^2\right]}$$

　　式中 $\overline{x}$ 為此 n 個數值資料的算術平均數，A 為簡化運算而選定的數。若各組的組距為 h，則上述的計算公式可簡化如下：$d_i = (x_i - A)/h$

$$s = h\sqrt{\frac{\sum_{i=1}^{k} f_i d_i^2 - \dfrac{(\sum_{i=1}^{k} f_i d_i)^2}{n}}{n-1}}$$

 例題 13

已知疾病 A 病人之發病年齡，分類整理後結果如下，試求其標準差。

年齡	次數 f_i	組中點 x_i	d_i	$f_i d_i$	$f_i d_i^2$
35~40	10	37.5	−2	−20	40
40~45	12	42.5	−1	−12	12
45~50	16	47.5	0	0	0
50~55	8	52.5	1	8	8
55~60	4	57.5	2	8	16
總計	50	−		−16	76

解

代入公式計算得

$$s = 5 \times \sqrt{\frac{76 - \dfrac{(-16)^2}{50}}{50-1}} = 5 \times \sqrt{1.4465} = 6.01$$

3-6　變異係數(Coefficient of Variation)

一般而言，當比較的資料的性質相同時，可以標準差的大小來比較其變異的情形。

設有兩組數值資料如下：

A 組：58, 59, 60, 61, 62

B 組：40, 50, 60, 70, 80

兩組的平均分數皆為 60 分，但顯然兩組學生的學習成果之間有很大的差異，因 A 組的學生成績變異較小（標準差為 $\sqrt{2}$），B 組的學生成績變異較大（標準差為 $\sqrt{200}$），因此，以 60 分來代表 A 組同學的平均程度比以 60 分來代表 B 組同學的平均程度要來得好。

若性質不相同時，則需要一種相對的測度值作為比較的標準，**變異係數**即是一種相對測度值，其定義如下：

$$變異係數(C.V.) = \frac{s}{\bar{x}} \times 100\%$$

其中 s 為樣本數值資料的標準差，$\bar{x}$ 為其算術平均數。變異係數愈大，表示資料間的變異愈大，反之，則愈小。

 例題 14

設 40 位女生的平均身高為 158.4 公分，標準差為 4.3 公分；平均體重為 48.5 公斤，標準差為 5.2 公斤，試比較身高與體重的變異情形。

解

身高的變異係數為

$$C.V. = \frac{4.3}{158.4} \times 100\% = 2.7\%$$

體重的變異係數為

$$C.V. = \frac{5.2}{48.5} \times 100\% = 10.7\%$$

因 2.7%<10.7%，故體重的變異較身高的變異為大。

 例題 15

設 A 組為一雞群，B 組為一象群，且其平均重量及標準差各為

μ_A=4 斤，σ_A=1.2 斤
μ_B=2,100 公斤，σ_B=100 公斤

試比較雞群與象群的重量變異情形。

解

若以標準差來作為判斷的依據，則會認為象群彼此之間的差異比較大，但顯然與實際情形不符合。此時，則須以相對離差（即變異係數）來做比較。

對 A 組而言，$C.V. = \frac{1.2}{4} \times 100\% = 30\%$
對 B 組而言，$C.V. = \frac{100}{2100} \times 100\% = 4.76\%$

可見雞群相互間重量的變異程度較大。

例題 16

在某次測驗中，甲班同學的平均成績為 70 分，標準差為 10 分；乙班同學的平均成績為 65 分，標準差為 8 分，試問哪一班同學的程度比較平均？

甲班同學成績的變異係數為 $\dfrac{10}{70} \times 100\% = 14.28\%$

乙班同學成績的變異係數為 $\dfrac{8}{65} \times 100\% = 12.31\%$

因乙班同學成績的變異係數<甲班同學成績的變異係數，故乙班同學的程度比較平均。

3-7 相關係數(Coefficient of Correlation)

各種變數（可度量的現象）之間的相互關係，在統計學上稱為相關，相關的種類很多，依變數的多寡，可分為簡單相關與複相關兩大類；簡單相關指的是兩種變量之間的相互關係，而複相關指的是兩種以上的變量之間的相互關係。

簡單相關又可分為直線相關與曲線相關兩種，若兩變量之間的關係成一直線的變化，則稱為直線相關，若兩變量之間的關係，可由曲線方程式適當表示者，稱為曲線相關或非直線相關，在此我們僅討論直線相關的情形，相關係數以符號 r 來表示。

設兩組樣本數值資料如下：

$x_1, x_2, x_3, \cdots, x_n$
$y_1, y_2, y_3, \cdots, y_n$

其算術平均數各為 $\bar{x}$、$\bar{y}$，則

$$r = \frac{\sum\limits_{i=1}^{n}(x_i - \bar{x})(y_i - \bar{y})}{\sqrt{\sum\limits_{i=1}^{n}(x_i - \bar{x})^2 \sum\limits_{i=1}^{n}(y_i - \bar{y})^2}}$$

$$= \frac{\sum\limits_{i=1}^{n} x_i' y_i'}{\sqrt{\sum\limits_{i=1}^{n}(x_i')^2 \sum\limits_{i=1}^{n}(y_i')^2}}$$

其中 $x_i' = x_i - \overline{x}$ ， $y_i' = y_i - \overline{y}$ 。由柯西不等式(Cauchy's inequality)知：

$$\sum_{i=1}^{n}(x_i')^2 \sum_{i=1}^{n}(y_i')^2 \geq (\sum_{i=1}^{n} x_i'y_i')^2$$

故　$\dfrac{(\sum\limits_{i=1}^{n} x_i'y_i')^2}{\sum\limits_{i=1}^{n}(x_i')^2 \sum\limits_{i=1}^{n}(y_i')^2} \leq 1$

即 $r^2 \leq 1$ ，也就是說， $-1 \leq r \leq 1$ 。所以相關係數 r 的變動範圍在 -1 與 1 之間，其絕對值愈大，表示兩變量之間的相關程度愈大。

相關程度的高低可依相關係數的大小，分為下列數種：
(1) $r=1$ .... 表示完全正相關
(2) $r=-1$ .... 表示完全負相關
(3) $0.7 \leq |r| < 1$ .... 表示高度相關
(4) $0.3 \leq |r| < 0.7$ .... 表示中度相關
(5) $0 < |r| < 0.3$ .... 表示低度相關
(6) $r=0$ .... 表示零相關

 例題 17

試計算下列兩組數值資料的相關係數。

X：2, 1, 4, 7, 7, 5, 3, 9, 5, 7

Y：1, 3, 4, 5, 7, 6, 7, 8, 9, 10

解

代號	X	Y	X'	Y'	$X'Y'$	X'^2	Y'^2
1	2	1	−3	−5	15	9	25
2	1	3	−4	−3	12	16	9
3	4	4	−1	−2	2	1	4
4	7	5	2	−1	−2	4	1
5	7	7	2	1	2	4	1
6	5	6	0	0	0	0	0
7	3	7	−2	1	−2	4	1
8	9	8	4	2	8	16	4
9	5	9	0	3	0	0	9
10	7	10	2	4	8	4	16
總計	50	60			43	58	70

代入公式可得

$$r = \frac{43}{\sqrt{58 \times 70}} \approx 0.675$$

由計算結果顯示，此兩組數值資料為中等程度的正相關。

例題 18

下表為氮肥施用量與稻穀產量之試驗結果，試求兩者之相關係數。

氮肥用量 x	0.5	1.0	1.5	2.0	2.5
稻穀產量 y	20	34	49	60	72

解

代號	x	y	x'	y'	$x'y'$	x'^2	y'^2
1	0.5	20	−1	−27	27	1	729
2	1.0	34	−0.5	−13	6.5	0.25	169
3	1.5	49	0	2	0	0	4
4	2.0	60	0.5	13	6.5	0.25	169
5	2.5	72	1	25	25	1	625
總計	7.5	235			65	2.5	1696

代入公式，可得

$$r = \frac{65}{\sqrt{2.5 \times 1696}} \approx 0.998$$

由計算結果顯示，氮肥施用量與稻穀產量有高度的正相關。

公式摘要

	母　　　　　　　體	樣　　　　　　　本
觀測值	$x_1, x_2, \cdots, x_N$	$x_1, x_2, \cdots, x_n$
算術平均數	$\mu = \sum\limits_{i=1}^{N} x_i \Big/ N$	$\bar{x} = \sum\limits_{i=1}^{n} x_i \Big/ n$
變異數	$\sigma^2 = \sum\limits_{i=1}^{N}(x_i - \mu)^2 / N$	$s^2 = \sum\limits_{i=1}^{n}(x_i - \bar{x})^2 / (n-1)$
標準差	$\sigma = \sqrt{\sum\limits_{i=1}^{N}(x_i - \mu)^2 / N}$	$s = \sqrt{\sum\limits_{i=1}^{n}(x_i - \bar{x})^2 / (n-1)}$
變異係數	$C.V. = \sigma / \mu \times 100\%$	$C.V. = s / \bar{x} \times 100\%$
相關係數	$r = \dfrac{\sum\limits_{i=1}^{N}(x_i - \mu_x)(y_i - \mu_y)}{\sqrt{\sum\limits_{i=1}^{N}(x_i - \mu_x)^2 \sum\limits_{i=1}^{N}(y_i - \mu_y)^2}}$	$r = \dfrac{\sum\limits_{i=1}^{n}(x_i - \bar{x})(y_i - \bar{y})}{\sqrt{\sum\limits_{i=1}^{n}(x_i - \bar{x})^2 \sum\limits_{i=1}^{n}(y_i - \bar{y})^2}}$

3-8　EXCEL 與敘述統計

■ 3-8-1　由原始資料求敘述統計量

　　在這章所提到的平均數、中位數、眾數、變異數、標準差……，如果資料不多，直接用計算機倒也方便，不過如果數據太多，任何人都會覺得很棘手，接下來我們以第二章的 100 個葉片長度數據為例，見識一下 EXCEL 的敘述統計。

☐ **步驟** 1

	A
1	7.8
2	6.5
3	10.6
4	8.3
5	12.1
6	11.2
7	8.3

⇩

98	10.3
99	7.2
100	14.9

　　首先將原始資料輸入 Excel 儲存格範圍 A1 至 A100 中，為什麼不像第二章一樣，將資料輸入儲存格範圍 A1 至 J10 呢？這是因為 EXCEL 將不同欄位的資料視為不同組別的資料，如果將資料範圍設成 A1：J10 後，執行 EXCEL 的敘述統計運算，則將得到 10 組的平均數、中位數、眾數、變異數、標準差……。

☐ **步驟** 2

　　選取【資料／資料分析】，在資料分析視窗下選【敘述統計】，按【確定】。

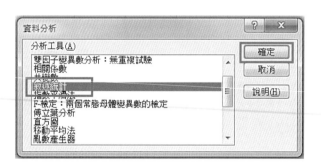

☐ **步驟** 3

　　在敘述統計視窗下，鍵入

　　輸入範圍：A1：A100

　　☑摘要統計

　　按【確定】。

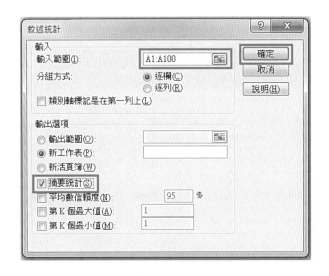

■ 3-8-2　由次數分配表求敘述統計量

　　雖然 EXCEL 沒有直接針對次數分配表，給予敘述統計功能的支援，但是利用自動填滿控制點的快速複製，重複上述步驟，也能迅速得到平均數、中位數、眾數、變異數、標準差……等。

表 3-2　下表是調查某班 50 位學生身高的次數分配表

組限	組中點	人數
145~150	147.5	2
150~155	152.5	9
155~160	157.5	17
160~165	162.5	13
165~170	167.5	6
170~175	172.5	2
175~180	177.5	1

附註：各組下限≤原始資料值<各組上限。

📂 **步驟 1**

　　首先在儲存格 A1，輸入 147.5，將指標移到自動填滿控制點上，按住左鍵，向下拖曳到儲存格 A2（因為第一組的組中點 147.5 有二位）。

	A	B
1	147.5	
2		
3		147.5
4		

📂 **步驟 2**

　　在儲存格 A3，輸入 152.5，將指標移到自動填滿控制點上，按住左鍵，向下拖曳到儲存格 A11（因為第二組的組中點 152.5 有 9 位）。

	A	B
1	147.5	
2	147.5	
3	152.5	
4		
5		
6		
7		
8		
9		
10		
11		
12		152.5
13		

	A	B
1	147.5	
2	147.5	
3	152.5	
4	152.5	
5	152.5	
6	152.5	
7	152.5	
8	152.5	
9	152.5	
10	152.5	
11	152.5	
12		
13		

□ 步驟 3

重複上述步驟將資料輸入

12	157.5	21	157.5	29	162.5	38	162.5	42	167.5
13	157.5	22	157.5	30	162.5	39	162.5	43	167.5
14	157.5	23	157.5	31	162.5	40	162.5	44	167.5
15	157.5	24	157.5	32	162.5	41	162.5	45	167.5
16	157.5	25	157.5	33	162.5			46	167.5
17	157.5	26	157.5	34	162.5			47	167.5
18	157.5	27	157.5	35	162.5			48	172.5
19	157.5	28	157.5	36	162.5			49	172.5
20	157.5			37	162.5			50	177.5

□ 步驟 4

選取【資料／資料分析】，在資料分析視窗下選【敘述統計】，按【確定】。

□ 步驟 5

在敘述統計視窗下，鍵入

輸入範圍：A1：A50

☑摘要統計

按【確定】。

	A	B	C
1		欄1	
2			
3	平均數	159.7	
4	標準誤	0.893971	
5	中間值	157.5	
6	眾數	157.5	
7	標準差	6.321328	
8	變異數	39.95918	
9	峰度	0.360721	
10	偏態	0.487693	
11	範圍	30	
12	最小值	147.5	
13	最大值	177.5	
14	總和	7985	
15	個數	50	
16			

■ 3-8-3 EXCEL 與相關係數

例題 19

請利用下表資料求出兩組數據的相關係數。

氮肥用量(x)	0.5	1	1.5	2	2.5
稻穀產量(y)	20	34	49	60	72

解

步驟 1：首先將原始資料輸入 Excel 儲存格範圍 A1 至 F2。

步驟 2：選取【資料／資料分析】，在資料分析視窗下選【相關係數】，按【確定】。

步驟 3：在相關係數視窗下，鍵入

輸入範圍：A1：F2

分組方式：⊙逐列

☑類別軸標記是在第一欄上

按【確定】。

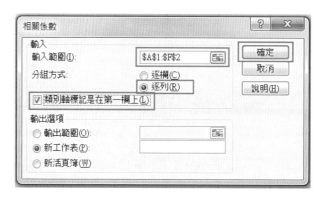

	A	B	C	D
1		氮肥用量(x)	稻穀產量(y)	
2	氮肥用量(x)	1		
3	稻穀產量(y)	0.99823	1	
4				

　　由表中可知氮肥用量及稻穀產量的相關係數 $r=0.99823$。

習題

1. 某日在某一醫院的檢驗室中測得 9 位病人的血紅素值如下：7.9, 8.5, 10.4, 12.8, 9.6, 8.8, 10.9, 9.6, 6.4（單位：g/dL），試求此些觀測值的
   (1)平均數　　(2)中位數　　(3)眾數　　(4)全距　　(5)標準差
   (6)變異數　　(7)變異係數。

2. 某醫學中心10年來進行肝腫瘤切除手術之案例數如下：30, 22, 45, 52, 38, 46, 25, 37, 57, 48，試求此些觀測值的
   (1)平均數　　(2)中位數　　(3)眾數　　(4)全距　　(5)標準差
   (6)變異數　　(7)變異係數。

3. 今隨機選取不同疾病病人若干名，得知其中 100 名疾病 A 病人之平均發病年齡為 37 歲，80 名疾病 B 病人之平均發病年齡為 40 歲，120 名疾病 C 病人之平均發病年齡為 32 歲，試求此組樣本資料之平均發病年齡及標準差。

4. 某項研究報告調查 40 位罹患疾病 A 病人之發病年齡，資料經整理後如下表所示。試求此些樣本資料(1)平均數　(2)中位數　(3)標準差　(4)變異係數。

年　　　齡	人　　　數
40~45	2
45~50	2
50~55	4
55~60	6
60~65	8
65~70	12
70~75	4
75~80	2
總　　　計	40

5. 某項研究報告調查 100 位罹患疾病 A 病人之發病至痊癒所需的時間，資料經整理後如下表所示。試求此些樣本資料的(1)平均數　(2)中位數　(3)標準差　(4)變異係數。

天　　　數	人　　　數
0~5	12
5~10	15
10~15	27
15~20	20
20~25	18
25~30	8
總計	100

6. 某項研究欲調查 10 位罹患疾病 A 病人之年齡與收縮壓之關係，調查資料如下表所示，試求此些樣本資料的相關係數。

年齡(x)	39	45	46	66	42	64	34	42	17	21
收縮壓(y)	144	138	140	158	128	162	110	135	114	120

CHAPTER 04

機率分配

BI⬤STATISTICS

4-1　二項分配(Binomial Distribution)

4-2　卜瓦松分配(Poisson Distribution)

4-3　常態分配(Normal Distribution)

4-4　t 分配(Student's t-distribution)

4-5　χ^2 分配(Chi-Square Distribution)

4-6　F 分配(F-Distribution)

4-7　EXCEL 與機率

機率(Probability)理論為統計學之基礎,通常我們在利用統計方法做推論時,皆須利用到機率分配的理論作為依據,然後才能作進一步的分析與探究。

以下先就機率的名詞及定義作一解釋:

☐ **樣本空間**(Sample Space):一種實驗的一切所有可能出現的情形所成之集合,以 S 表示。

☐ **樣本**(Sample):樣本空間中的每一元素稱之。

☐ **事件**(Event):樣本空間中的每一部份集合(包括空集合)稱之,一般以大寫英文字母 A、B、…表示。

定義

樣本空間 S 中,對某一事件的發生,其情形不外兩種:一是發生,另一是不發生,若事件 A 的個數為 $n(A)$,樣本空間的個數為 $n(S)$,則此事件發生的機率為

$$P(A) = \frac{n(A)}{n(S)}$$

因此,由上述定義可知:

1. 若一事件一定發生,則其機率為 1。若一事件必不發生,則機率為 0。故事件成功機率的極小值為 0,極大值為 1。

2. 一事件成功的機率與失敗的機率之和必為 1。

機率分配依資料型態分為兩種:一為 **離散型分配** (Discrete Distribution):如二項分配、卜瓦松分配。另一為 **連續型分配**(Continuous Distribution):如常態分配、t 分配、χ^2 分配、F 分配。

4-1 二項分配(Binomial Distribution)

為了簡單起見,先從只含有兩個元素的樣本空間討論起,若在每一實驗當中,事件的發生只有兩種情況:{成功,失敗},則此實驗稱為**伯努利試驗**(Bernoulli Test)。又因為只有兩種情況,所以又稱為伯努利二項分佈,這是一種離散型的機率分配。

定義

設某一事件試驗一次成功的機率為 p，失敗的機率為 $1-p$，則於 n 次試驗當中，成功 r 次的機率為

$$P(X=r) = C_r^n p^r (1-p)^{n-r}, r=0,1,2,\cdots n,$$

其中 $C_r^n = \dfrac{n!}{r!(n-r)!}$ 。

定理

若隨機變數 X 為一試驗 n 次，每次成功機率為 p 之二項分配，以 $X\sim B(n, p)$ 表示，則其期望值 $E(X)=np$，變異數 $Var(X)=np(1-p)$。

 例題 1

在某一地區中，已知每 10 人中就有一人罹患疾病 A，今從該地區中，隨機抽取 5 人，試求恰有 3 人罹患疾病 A 的機率為何？

解

由題意知，罹患疾病 A 的機率為 0.1。故恰有 3 人罹患疾病 A 的機率為 $C_3^5(0.1)^3(0.9)^2 = 0.0081$ 。

例題 2

在某一地區中，平均 5 個 70 歲的老人中，有 3 個可以活到 80 歲，今從該地區中，隨機抽取 10 人。

試求：(1)恰有 5 人。

　　　(2)至少有 8 人，可以再多活 10 年的機率？

解

由題意知，每個 70 歲的老人平均再多活 10 年的機率為 3/5，則

(1) 隨機抽取 10 人，恰有 5 人，可以再多活 10 年的機率為 $C_5^{10}(3/5)^5(2/5)^5 = 0.2007$ 。

(2) 隨機抽取 10 人，至少有 8 人，可以再多活 10 年的機率為 $C_8^{10}(3/5)^8(2/5)^2 + C_9^{10}(3/5)^9(2/5) + C_{10}^{10}(3/5)^{10} = 0.1673$ 。

例題 3

在某一地區中,已知每 10 人中就有 2 人罹患疾病 B,今從該地區中,隨機抽取 6 人,試求(1)恰有 3 人(2)至少有 2 人罹患疾病 B 的機率為何?

解

由題意知,罹患疾病 B 的機率為 0.2。故

(1) 恰有 3 人罹患疾病 B 的機率為
$$C_3^6 (0.2)^3 (0.8)^3 = 0.08192 \text{。}$$

(2) 至少有 2 人罹患疾病 B 的機率為
$$1 - C_0^6 (0.8)^6 - C_1^6 (0.2)(0.8)^5 = 0.3446 \text{。}$$

4-2　卜瓦松分配(Poisson Distribution)

這也是一種離散型的機率分配,是用來估計某單位時間(或地區)內事件發生的次數分配,例如醫院急診室在一日之內就診的人數,某十字路口一天之內發生意外事故的次數等皆是。

此種分配具有下列特性:

(1) 在某一時段(或區段)內,事件發生的期望次數是相同的,其隨著時間的長短呈比例性的增減。如高速公路某交流道入口,由上午 8 時至 9 時,每 5 分鐘進入的車輛平均有 30 部,則平均每分鐘進入的車輛為 6 部。

(2) 在某一時段(或區段內),事件發生的次數與其他時段(或區段)發生的次數是不相關連,互相獨立的,例如某一十字路口,今天發生意外事故的次數與明天發生事故的次數相互獨立。

定義

若一事件在一單位時間內發生的平均次數為 λ,則該事件在另一單位時間內發生 r 次的機率為

$$P(X = r) = e^{-\lambda} \cdot \frac{\lambda^r}{r!} \qquad r = 0, 1, 2, 3, \cdots\cdots$$

其中 e 為自然指數,$e = 2.71828182\cdots\cdots$。

定理

若隨機變數 X 為平均數為 λ 的卜瓦松分配，以 $X \sim P(\lambda)$ 表示，則其期望值 $E(X)=\lambda$，變異數 $Var(X)=\lambda$。

 例題 4

由一池塘抽取許多樣本，計算其中所含浮游生物的數目，已知每一樣本中浮游生物的平均數目為 2，假設浮游生物的數目符合卜瓦松分配，試求下一樣本中，(1)恰含 4 個浮游生物　(2)含一個或更多浮游生物的機率？

解

平均數為 2，故 $\lambda=2$，

(1) 下一樣本中，恰含 4 個浮游生物的機率為

$$P(X=4)=e^{-2} \cdot 2^4 / 4! = \frac{2}{3}e^{-2} = 0.0902 。$$

(2) 下一樣本中，含一個或更多浮游生物的機率為

$$P(X \geq 1) = 1 - P(X=0) = 1 - e^{-2} = 0.8647 。$$

 例題 5

某醫院經過幾年的調查統計，得知平均一天有 3 位車禍病人來就診，試求某日(1)恰有 5 位車禍病人　(2)至少有 1 位車禍病人就診之機率？

解

(1) $P(X=5) = e^{-3}\dfrac{3^5}{5!} = 0.1008 。$

(2) $P(X \geq 1) = 1 - P(X=0) = 1 - e^{-3} = 0.9502 。$

例題6

據調查，高速公路某交流道入口，從上午 8 時至 9 時進入的車輛數每 5 分鐘平均有 30 部，試求：

(1) 1 分鐘內，沒有車輛進入的機率。

(2) 1 分鐘內，恰有 3 輛車進入的機率。

由卜瓦松配的特性得知，在一分鐘內進入該交流道的車輛平均有 6 部，因此

(1) $P(X=0)=e^{-6}=0.0025$。

(2) $P(X=3)=e^{-6} \cdot \dfrac{6^3}{3!}=0.0892$。

例題7

在某一地區，流行性感冒發生的機率很低，假設 p=0.0001。設某月份該地區有人口 1,000 人，試求該月份有二人得到流行性感冒的機率。

若採用二項分配來計算，則所求之機率為

$$P(X = 2) = C_2^{1000}(0.0001)^2(1 - 0.0001)^{998} = 0.004520$$。

由於 n 很大，p 很小，在計算上頗為煩雜，故可考慮採用卜瓦松分配，此時 $\mu=np=1000×0.0001=0.1$，則

$$P(X = 2) = e^{-0.1} \frac{(0.1)^2}{2!} = 0.004524$$。

一般而言，當 $n \geq 20$、$np \leq 1$ 時，在計算機率的時候，多採用卜瓦松分配來計算，較為簡易。

4-3　常態分配(Normal Distribution)

在自然界中，有許多種特質的發生的次數分佈曲線，接近一種左右對稱的鐘形曲線，此種曲線稱為常態分配曲線(Normal Distribution Curve)。常態分配的機率密度函數如下：

$$f(x) = \frac{1}{\sqrt{2\pi}\sigma} \exp\left\{-(x-\mu)^2/2\sigma^2\right\}, \; -\infty < x < \infty,$$

其中 μ 為平均數，σ 為標準差。

此函數的圖形對稱於平均數 μ，為一鐘形的曲線，以符號 $X \sim N(\mu, \sigma^2)$ 表之。

例：若 $X \sim N(20, 5^2)$，欲求 $p(10 \le X \le 25)$ 之值。此時，其機率即為下圖斜線區域之面積。

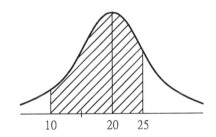

由於每一常態分配之平均數及標準差不一，若經由公式來計算機率，頗為煩瑣，因此，我們可利用 "標準化" 的過程，將之轉換成平均數為 0，標準差為 1 之標準常態分配，即

$$Z = \frac{X-\mu}{\sigma} \sim N(0,1)$$

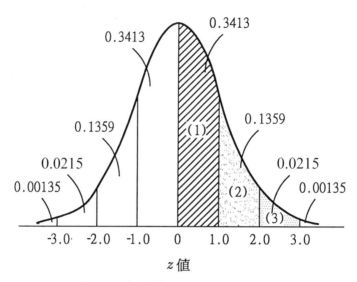

圖 4.1　標準常態分配曲線的面積

由上圖可知，

(1) 在 $z=0.0$ 與 $z=1.0$ 之間的面積為 0.3413，亦即 10000 個人當中，有 3413 人得分在 $z=0.0$ 至 $z=1.0$ 之間。

(2) 在 $z=1.0$ 與 $z=2.0$ 之間的面積為 0.1359，亦即 10000 個人當中，有 1359 人得分在 $z=1.0$ 至 $z=2.0$ 之間。

(3) 在 $z=2.0$ 與 $z=3.0$ 之間的面積為 0.0215，亦即 10000 個人當中，有 215 人得分在 $z=2.0$ 至 $z=3.0$ 之間，如此類推。

若是轉換成一般的常態分配，則可知

總人數的 68.26%，會落在 $\mu \pm 1\sigma$ 之間。

總人數的 95.44%，會落在 $\mu \pm 2\sigma$ 之間。

總人數的 99.74%，會落在 $\mu \pm 3\sigma$ 之間。

據此，我們也可以知道，在某個 z 值以下的人數佔總人數的比例有多少。如：

$z=-2.0$ 以下的面積為 $0.0013+0.0215=0.0228$，即 $P(Z \leq -2) = 0.0228$

$z=0.0$ 以下的面積為 0.5，即 $P(Z \leq 0) = 0.5$。

$z=2.0$ 以下的面積為 $0.5+0.3413+0.1359=0.9772$，即 $P(Z \leq 2) = 0.9772$。

　　而由附錄中，可以查得其他 z 值與 z=0.0 之間的面積，如 z=0.0 與 z=1.28 之間的面積為 0.3997，則 z=1.28 以下的面積為 0.5+0.3997=0.8997，甚至可以說 z=1.28 以上的面積為 0.1003。

　　如 z=1.96 與 z=0.0 之間的面積為 0.4750，則 z=1.96 以下的面積為 0.5+0.4750=0.9750，甚至可以說 z=1.96 以上的面積為 0.025。

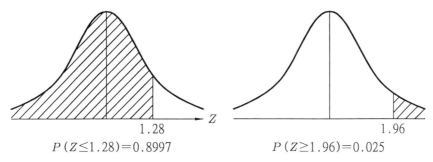

$P(Z \leq 1.28) = 0.8997$　　　　　$P(Z \geq 1.96) = 0.025$

圖 4.2　不同 z 值之標準常態分配曲線下之面積

　　由於標準常態分配的圖形對稱於平均數 0，故 $P(Z < -2) = P(Z > 2)$ $= 0.0228$。

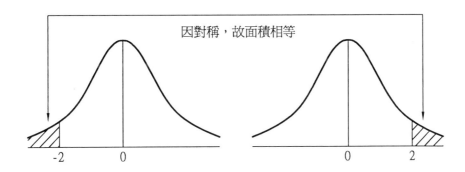

因對稱，故面積相等

 例題8

　　已知一常態分配之 μ=10，σ=3，試求資料數值在 15.4 以下所佔的百分比？及資料數值在 7~13 之間所佔的百分比？

解

(1) $z = \dfrac{x - \mu}{\sigma} = \dfrac{15.4 - 10}{3} = 1.8$

　　　$P(X<15.4)=P(Z<1.8)$，如下圖所示。

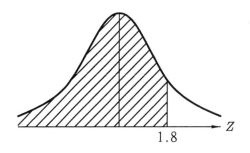

查表可知，在 $z=0.0$ 至 $z=1.8$ 間之面積為 0.4641，因此，資料數值在 15.4 以下所佔的百分比為 $50\%+46.41\%=96.41\%$。

(2) $P(7 \le X \le 13) = P(-1 \le Z \le 1)$，如下圖所示。

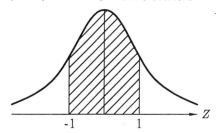

查表可知，在 $z=-1$ 與 $z=1$ 之間的面積為 0.6826，因此，資料數值在 $7 \sim 13$ 之間所佔的百分比為 68.26%。

 例題 9

已知一常態分配之 $\mu=100$，$\sigma=20$，試求資料數值在 $110 \sim 130$ 之間所佔的百分比？

解

(1) $z_1 = \dfrac{110-100}{20} = 0.5$，$z_2 = \dfrac{130-100}{20} = 1.5$

$P(110 < X < 130) = P(0.5 < Z < 1.5)$，如下圖所示。

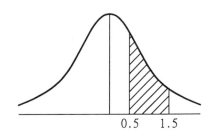

查表可知，在 z=0.0 至 z=0.5 間之面積為 0.1915

　　　　　　z=0.0 至 z=1.5 間之面積為 0.4332

因此，資料數值在 110~130 之間所佔的百分比為 43.32% − 19.15%=24.17%。

 例題 10

假設成人男性體重接近常態分配，其平均數為 65 公斤，標準差為 5 公斤，試求：

(1) 體重小於 65 公斤者的機率。

(2) 體重介於 60~70 公斤者的機率。

(3) 體重大於 80 公斤者的機率。

(4) 體重小於 55 公斤者的機率。

解

(1) $P(X < 65) = P(Z < 0) = 0.5$

(2) $P(60 \leq X \leq 70) = P(-1 \leq Z \leq 1) = 0.6826$

(3) $P(X > 80) = P(Z > 3) = 0.0013$

(4) $P(X < 55) = P(Z < -2) = 0.0228$

　　反過來，亦可由已知的機率值 p，求其相對應的 z 值。若欲求在某一 z 值以下的機率為 0.95，也就是在某一 z 值以下的面積為 0.95，查表，可知此 z 值為 1.645。又若某一 z 值以下的機率為 0.975，查表，可知 z 值為 1.96。

 例題 11

試利用標準常態分配表，求下列 a、b 值。

(1) $P(Z>a)=0.0274$

(2) $P(Z<b)=0.0735$

解

查表可知，a=1.92，b= −1.45。

 例題 12

試利用標準常態分配表，求下列 a、b 值。

(1) $P(-a<Z<a)=0.785$

(2) $P(-b<Z<b)=0.3616$

解

查表可知，$a=1.24$，$b=0.47$。

 例題 13

已知一常態分配之 $\mu=60$，$\sigma=10$，若資料數值在某一數以下佔了百分之九十五，試求此數。

解

查表得知，$z=1.645$，故

$$\frac{x-60}{10}=1.645，$$

則 $x=76.45$，因此，此數為 76.45。

 例題 14

已知一常態分配之 $\mu=100$，$\sigma=10$，若資料數值在某一數以上佔了百分之八十，試求此數。

解

查表得知，$z \approx -0.84$，故

$$\frac{x-100}{10}=-0.84$$

$x=91.6$

因此，此數為 91.6。

例題 15

已知一常態分配之 $\mu=90$，$\sigma=5$，若資料數值在某一範圍以內佔
百分之九十五，試求此一範圍。

解

$P(x_1 \le X \le x_2) = P(z_1 \le Z \le z_2) = 0.95$，

查表得知，$z_1 = -1.96$，$z_2 = 1.96$，故

$$\frac{x_1 - 90}{5} = -1.96 \text{ , } \frac{x_2 - 90}{5} = 1.96$$

則 $x_1 = 80.2$，$x_2 = 99.8$，因此，範圍為 80.2~99.8。

定理

　　中央極限定理(Central Limit Theorem)：無論隨機變數 X 呈何種機率
分配，當樣本數夠大時，樣本平均數 $\bar{x}$ 的分配，會近似於一常態分配，
此即為**中央極限定理**。

　　如二項分配中，當樣本數 n 夠大時，由中央極限定理可知，二項分
配之機率可由常態分配計算之。

 例題 16

根據資料顯示，有 30% 之 18 至 24 歲之男孩與父母同住。若隨機
抽取 300 位年齡在 18 至 24 歲男孩，試求超過 100 位和父母同住
之機率？

解

$$\mu = np = 300 \times 0.3 = 90 \text{ , } \sigma = \sqrt{np(1-p)} = \sqrt{300 \times 0.3 \times 0.7} = 7.94 \text{ , }$$

$$P(X > 100) = P(\frac{X - 90}{7.94} > \frac{100 - 90}{7.94})$$

$$= P(Z > 1.26) = 0.5 - 0.3962 = 0.1038$$

　　一般而言，$np \ge 5$ 或 $n(1-p) \ge 5$ 時，二項分配的機率值，即可以常態
分配計算之。

4-4　t 分配(Student's t-distribution)

　　t 分配和常態分配一樣，都是對稱的分配，其平均數 μ 和標準常態分配一樣也是 0，但是它和常態分配有一重要的不同點，就是 t 分配的形狀隨著自由度的大小而改變，也就是說 t 分配不是單一曲線的機率密度函數，而是由一群曲線所合成的曲線族，不同的曲線代表不同自由度的 t 分配圖形。

　　而自由度（degree of freedom，簡寫為 d.f.）的大小，由樣本數的大小 n 來決定，且 d.f.$=n-1$。

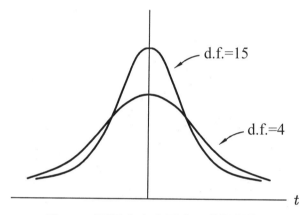

圖 4.3　不同自由度下之 t 分配圖形

　　當自由度愈來愈大時，t 分配便愈接近標準常態分配，也就是當樣本數 n 愈大，由中央極限定理，可將 t 分配視為標準常態分配 $N(0,1)$。當 d.f.$=\infty$ 時，t 分配就相當於標準常態分配。

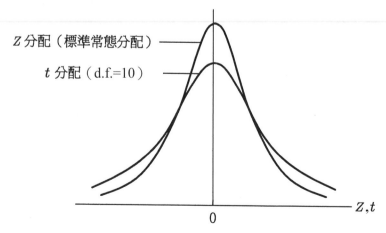

圖 4.4　Z 分配與 t 分配(d.f.=10)之曲線圖形比較

例題 17

試求自由度為 10，$P(T \geq a) = 0.05$ 之臨界值 a。

解

查附錄表（t 分配表），可知當 d.f.=10 時，a 之值為 1.8125。

例題 18

試求自由度為 10，$P(T \leq a) = 0.05$ 之臨界值 a。

解

若 $P(T \leq a) = 0.05$，則 $P(T \geq -a) = 0.05$。

查附錄表（t 分配表），可知當 d.f.=10 時，$-a$ 之值為 1.8125。

因此，a 之值為 -1.8125。

例題 19

試求自由度為 10，$P(-a \leq T \leq a) = 0.95$ 之臨界值 a。

解

若 $P(-a \leq T \leq a) = 0.95$，則 $P(T \geq a) = 0.025$。

查附錄表（t 分配表），可知當 d.f.=10 時，a 之值為 2.2281。

例題 20

試求自由度為 5，$P(T \geq a) = 0.05$ 之臨界值 a。

解

查附錄表（t 分配表），可知當 d.f.=5 時，a 之值為 2.015。

 例題 21

試求自由度為 5， $P(T \le a) = 0.05$ 之臨界值 a。

解

若 $P(T \le a) = 0.05$ ，則 $P(T \ge -a) = 0.05$ 。

查附錄表（ t 分配表），可知當 d.f.=5 時， $-a$ 之值為 2.015。

因此， a 之值為 -2.015 。

 例題 22

試求自由度為 5， $p(-a \le T \le a) = 0.95$ 之臨界值 a。

解

若 $P(-a \le T \le a) = 0.95$ ，則 $P(T \ge a) = 0.025$ 。

查附錄表（ t 分配表），可知當 d.f.=5 時， a 之值為 2.5706。

4-5　χ^2 分配(Chi-Square Distribution)

自一個常態分配母體中每一次隨機抽取一個 x，並將其轉化成 z 分數，如此重複進行多次，則最後將形成一平均數為 0，標準差為 1 的標準常態分配，其次，再從這分配中隨機抽取一個 z 分數，然後加以平方，記為 x_1^2，如此重複進行多次，則可得無數多個 x_1^2，此時

$$x_1^2 = z^2 = \left[\frac{(x - \mu)}{\sigma}\right]^2$$

則這些 x_1^2 的次數分配將形成一自由度為 1 的 χ^2 分配，我們稱為自由度為 1 的卡方分配。

若是自一個常態分配母體中每一次隨機抽取兩個 x，並將這兩個 x 都化為 z 分數後，然後將這兩個 z^2 相加，即得

$$x_2^2 = z_1^2 + z_2^2 = \left[\frac{(x_1 - \mu)}{\sigma}\right]^2 + \left[\frac{(x_2 - \mu)}{\sigma}\right]^2$$

如此重複進行多次，則可得無數多個 x_2^2，則此些 x_2^2 的次數分配將形成一自由度為 2 的 χ^2 分配，我們稱為自由度為 2 的卡方分配。

依此類推，若是自一個常態分配母體中每一次隨機抽取 n 個 x，並將這 n 個 x 都化為 z 分數後，平方之，然後再將這 n 個 z^2 相加，即得

$$x_n^2 = z_1^2 + z_2^2 + \cdots + z_n^2$$
$$= \left[\frac{(x_1 - \mu)}{\sigma}\right]^2 + \left[\frac{(x_2 - \mu)}{\sigma}\right]^2 + \cdots + \left[\frac{(x_n - \mu)}{\sigma}\right]^2$$

如此重複進行多次，則可得無數多個 x_n^2，則此些 x_n^2 的次數分配將形成一自由度為 n 的 χ^2 分配，我們稱其為自由度為 n 的卡方分配。

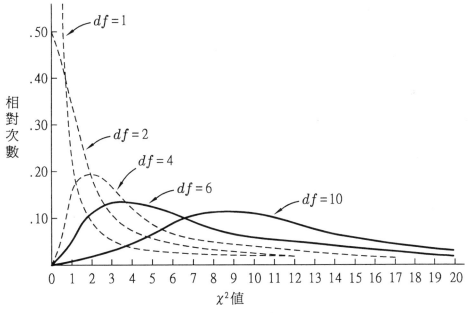

圖 4.5　不同自由度之 χ^2 的次數分配

由圖形可知，自由度不同，χ^2 的次數分配也就不同。

χ^2 分配有幾個重要的特性：

(1) 自由度為 n 時，χ^2 分配的平均數為 n，標準差為 $\sqrt{2n}$。

(2) 自由度為 2 或 2 以上時，眾數之位置在 $n-2$ 處。

(3) 當自由度愈來愈大時，χ^2 分配便愈接近常態分配。

當我們在作次數分析的假設檢定時，則須利用到 χ^2 分配，此時其計算公式如下：

$$\chi^2 = \sum \frac{(f_o - f_e)^2}{f_e}$$

式中 f_o 表實驗的觀察次數(observed frequency)，f_e 表實驗的期望次數 (expected frequency)。

 例題 23

如投擲一枚公正硬幣 100 次，統計其實驗結果，得出現正面的次數為 60 次，反面出現的次數為 40 次，試求其 χ^2 值？

解

一枚公正硬幣出現正面與反面的機率各是 1/2，故出現正面與反面的期望次數各為 50 次，因此，

$$\chi^2 = \frac{(60-50)^2}{50} + \frac{(40-50)^2}{50} = 4 \text{。}$$

 例題 24

如投擲一枚公正骰子 120 次，統計其實驗結果，得出現點數為 1,2,3,4,5,6 的次數各為 17,23,16,22,24,18，試求其 χ^2 值？

解

一枚公正骰子出現各種點數的機率各是 1/6，故出現各種點數的期望次數各為 $120 \times \frac{1}{6} = 20$ 次，因此，

$$\chi^2 = \frac{(17-20)^2}{20} + \frac{(23-20)^2}{20} + \frac{(16-20)^2}{20} +$$

$$\frac{(22-20)^2}{20} + \frac{(24-20)^2}{20} + \frac{(18-20)^2}{20} = 2.9$$

 例題 25

試求自由度為 5，(1) $P(\chi^2 \ge a) = 0.1$ 之臨界值 a。

(2) $P(\chi^2 \ge a) = 0.05$ 之臨界值 a。

(3) $P(\chi^2 \ge a) = 0.025$ 之臨界值 a。

解

查附錄表，得知：(1)a=9.236；(2)a=11.071；(3)a=12.833。

 例題 26

試求自由度為 10，(1) $P(\chi^2 \ge a) = 0.9$ 之臨界值 a。

(2) $P(\chi^2 \ge a) = 0.95$ 之臨界值 a。

(3) $P(\chi^2 \ge a) = 0.975$ 之臨界值 a。

解

查附錄表，得知：(1)a=4.865；(2)a=3.940；(3)a=3.247。

4-6　F 分配(F-Distribution)

在推論統計中，當我們在作母體變異數比的區間估計及母體變異數比的假設檢定時，則須用到 F 分配。

如我們從一常態分配的母體去隨機抽樣，此母體的平均數是 μ，變異數是 σ^2，抽樣的第一個步驟是抽取 n_1 個樣本，並計算它們的變異數 s_1^2，然後再抽取 n_2 個樣本，並計算它們的變異數 s_2^2，此時，樣本的大小 n_1、n_2 可以相等也可以不相等，如此重複多次，每次計算它們變異數的

比率 $F_s = s_1^2 / s_2^2$，則這個統計量的分配，將形成一自由度為$(n_1 - 1，n_2 - 1)$ 的 F 分配。

而在推論統計中，若使用變異數分析時(Analysis of Variance)，亦將用到 F 分配，因此，我們對 F 分配作一介紹：

設 U，V 各為自由度 n_1、n_2 的 χ^2 分配，且 U、V 互相獨立，則 $\dfrac{U / n_1}{V / n_2}$ 為一自由度為$(n_1，n_2)$的 F 分配。

$$記為 F = \frac{U / n_1}{V / n_2} \sim F(n_1, n_2)，1 < n_1，n_2 < \infty。$$

這是為了紀念統計學家 R.A.Fisher 而命名的，此種分配的圖形由兩個自由度 n_1、n_2 大小來決定。

 例題 28

試求自由度 5,10，$P(F \geq a) = 0.05$ 之臨界值 a。

解

查附錄表（F 分配表），可知當 $n_1 = 5$，$n_2 = 10$ 時，a 之值為 3.33。

 例題 29

試求自由度 5,10，$P(F \geq a) = 0.025$ 之臨界值 a。

解

查附錄表（F 分配表），可知當 $n_1 = 5$，$n_2 = 10$，a 之值為 4.24。

 例題 30

試求自由度 5,10，$P(F \geq a) = 0.01$ 之臨界值 a。

解

查附錄表（F 分配表），可知當 $n_1 = 5$，$n_2 = 10$ 時，a 之值為 5.64。

定理

　　若 F 為一自由度$(n_1，n_2)$的 F 分配，則 $1/F$ 為一自由度$(n_2，n_1)$的 F 分配。

定理

　　若 $P(F \geq a) = \alpha$ ，則$P(\dfrac{1}{F} \geq \dfrac{1}{a}) = 1 - \alpha$ 。

公式： $F_{(\alpha, n_1, n_2)} = \dfrac{1}{F_{(1-\alpha, n_2, n_1)}}$

 例題 31

　　試求自由度為 5,10， $P(F \geq a) = 0.95$ 之臨界值 a。

解

　　若 $P(F \geq a) = 0.95$，則$P(\dfrac{1}{F} \geq \dfrac{1}{a}) = 0.05$ 。

　　查附錄表（F 分配表），可知當 n_1=10、n_2=5 時，$1/a$ 之值為 4.74。故 a 之值為 1/4.74=0.211。

 例題 32

　　試求自由度為 5,10， $P(F \geq a) = 0.975$ 之臨界值 a。

解

　　若 $P(F \geq a) = 0.975$，則$P(\dfrac{1}{F} \geq \dfrac{1}{a}) = 0.025$ 。

　　查附錄表（F 分配表），可知當 n_1=10、n_2=5 時，$1/a$ 之值為 6.62。故 a 之值為 1/6.62=0.151。

例題 33

　　試求自由度為 5,10， $P(F \geq a) = 0.99$ 之臨界值 a。

解

若 $P(F \geq a) = 0.99$，則 $P(\frac{1}{F} \geq \frac{1}{a}) = 0.01$。

查附錄表（F 分配表），可知當 n_1=10、n_2=5 時，$1/a$ 之值為 10.1。故 a 之值為 1/10.1=0.099。

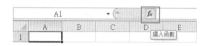

4-7　EXCEL 與機率

　　EXCEL 提供了很多常用的機率函數，只要按【插入函數】，在視窗"插入函數"內，從選取類別中選擇"統計"，便可找到所要的機率函數。

　　一般機率的使用，常會出現兩個需求方向，以考試為例，如果考試完畢，知道 μ=48，σ=13，則某一考生成績如果為 68，其表現如何？再者如果想淘汰 80% 的考生，則及格標準應該定為多少？因此 EXCEL 在設計機率分配函數時，通常給予機率分配函數及其反函數。

■ 4-7-1　二項分配函數

　　傳回特定次數之二項分配機率值。使用 BINOMDIST 函數主要用於解決特定次數實驗的問題，每次實驗的結果不是成功就是失敗，且每次實驗皆為獨立，同時實驗成功的機率為一常數。

語法

☐ BINOMDIST(number_s, trials, probability_s, cumulative)

☐ Number_s：欲求解的實驗成功次數。

☐ Trials：獨立實驗的次數。

☐ Probability_s：每一次實驗的成功機率。

☐ Cumulative：為一邏輯值，主要用來決定函數的型態。如果 cumulative 為 TRUE，**則傳回累加分配函數值**，其代表最多有 number_s 次成功的機率；如果其值為 FALSE，**則傳回機率密度函數的機率值**，代表有 number_s 次成功的機率。

 例題 34

擲一枚銅板出現正面的機率為 0.5，則在 10 次實驗中恰出現 6 次正面的機率為：

解

BINOMDIST(6,10,0.5,FALES)等於 0.205078

 例題 35

在某一地區中，5 個 70 歲的老人中，有 3 個可以活到 80 歲。今從該地區中，隨機抽取 10 人，試求至少有 8 人，可以再多活 10 年的機率？

解

P（至少有 8 人）$= 1 - P$（至多有 7 人）

$\qquad\qquad\qquad = 1 - \text{BINOMDIST}(7,10,0.6,\text{TRUE})$

$\qquad\qquad\qquad = 1 - 0.83271 = 0.16729$

有 7 人，可以再多活 10 年的機率＝	BINOMDIST(7,10,0.6,FALSE)	0.214991
有 6 人，可以再多活 10 年的機率＝	BINOMDIST(6,10,0.6,FALSE)	0.250823
有 5 人，可以再多活 10 年的機率＝	BINOMDIST(5,10,0.6,FALSE)	0.200658
有 4 人，可以再多活 10 年的機率＝	BINOMDIST(4,10,0.6,FALSE)	0.111477
有 3 人，可以再多活 10 年的機率＝	BINOMDIST(3,10,0.6,FALSE)	0.042467

有 2 人，可以再多活 10 年的機率＝	BINOMDIST(2,10,0.6,FALSE)	0.010617
有 1 人，可以再多活 10 年的機率＝	BINOMDIST(1,10,0.6,FALSE)	0.001573
+)有 0 人，可以再多活 10 年的機率＝	BINOMDIST(0,10,0.6,FALSE)	0.000105
＝至多有 7 人，可以再多活 10 年的機率	BINOMDIST(7,10,0.6,TRUE)	0.83271

■ 4-7-2　卜瓦松分配函數

傳回卜瓦松機率分配。卜瓦松分配常見的應用，係在於預測特定時間內事件發生的次數，例如，在一分鐘內到達收費站的汽車數。

（語法）

☐ POISSON(x, mean, cumulative)

☐ X：是事件的次數。

☐ Mean：是期望值。

☐ Cumulative：是一個邏輯值，用來決定機率分配傳回值的格式。如果 cumulative 是 TRUE，將傳回事件發生從 0 到 x 的累積卜瓦松機率；如果 cumulative 是 FALSE，將傳回事件的數目正好是 x 的卜瓦松機率密度函數值。

例題 36

假設在高速公路上平均每天有五次車禍發生，若 X 為某一天發生車禍之隨機變數，求下列各項機率：

(1) 沒有車禍發生。

(2) 至多 2 次車禍。

解

(1) $P(X=0)$=POISSON(0,5,FALSE)=0.006737947

(2) $P(X \leq 2)$=POISSON(2,5,TRUE)=0.124652019

■ 4-7-3　常態分配函數

根據指定之平均數和標準差，傳回其常態累積分配函數。本函數廣泛應用於包括假設檢定等統計學之應用。

（語法）

☐ NORMDIST(x, mean, standard_dev, cumulative)

☐ X：是要求分配之數值。

☐ Mean：是此分配的算術平均數。

☐ Standard_dev：是分配的標準差。

☐ Cumulative：是決定函數形式的邏輯值。如果 Cumulative 是 TRUE，則傳回累積分配函數；如果是 FALSE，則傳回機率密度函數值。

 例題 37

以考試為例，如果考試完畢，知道 μ=48，σ=13，則某一考生成績如果為 68，其表現如何？

解

$P($ 小於等於 68)=NORMDIST(68,48,13,TRUE)等於 0.938032081。

考試成績比該考生差的人約有 93.8%。

■ 4-7-4　常態分配函數之反函數

根據指定的平均數和標準差，傳回其常態累積分配函數之反函數。

（語法）

☐ NORMINV(probability, mean, standard_dev)

☐ Probability：是符合常態分配的機率。

☐ Mean：是此分配的算術平均數。

☐ Standard_dev：是此分配的標準差。

 例題 38

以考試為例,如果考試完畢,知道 μ =48,σ =13,如果想淘汰 80% 的考生,則及格標準應該定為多少?

解

NORMINV(0.80,48,13)等於 58.94107802,及格標準應該定為 59 分。

■ 4-7-5 標準常態分配函數

傳回標準常態累積分配函數。此分配的平均值是 0 和標準差 1。利用此函數可代替標準常態分配函數曲線之表格。

語法

☐ NORMSDIST(z)
☐ Z:是要分配的數值。

 例題 39

P(標準常態分配 ≤ 1.96)=?

解

NORMSDIST(1.96)等於 0.975002175

 例題 40

假設成人男性體重接近常態分布,其平均值 μ =65 公斤,標準差 σ =7 公斤,則成人男性體重介於 60 公斤與 70 公斤者之機率為多少?

解

$$P(60 \leq X \leq 70)=P[(60-62)/7 \leq (X-62)/7 \leq (70-62)/7]$$
$$=P(-0.2857 \leq Z \leq 1.1429)$$
$$=NORMSDIST(1.1429)-NORMSDIST(-0.2857)$$
$$=0.873459892-0.387554015=0.485905877$$

■ 4-7-6　標準常態分配函數之反函數

傳回平均數為 0 且標準差為 1 的標準常態累積分配函數的反函數。

（語法）

☐ NORMSINV(probability)

☐ Probability：是對應於常態分配的機率。

 例題 41

若 P（標準常態分配 $\leq z$）$=0.90$，則 $z=$？

<img_1> 解

$z=\text{NORMSINV}(0.90)=1.281550794$

■ 4-7-7　t 分配函數

傳回 Student 氏之 t 分配。t 分配是用於小樣本資料組的假設檢定。使用此函數就不用建一個 t 分配的臨界值表格。

（語法）

☐ TDIST(x, degrees_freedom, tails)

☐ X：是要用來評估分配的數值。

☐ Degrees_freedom：是用來指出自由度的整數值。

☐ Tails：指定要傳回的分配尾數的個數。如果 tails=1，則 TDIST 傳回單尾分配。如果 tails=2，則 TDIST 傳回雙尾分配。

例題 42

若自由度為 25，$P(T \geq 2) = \text{TDIST}(2,25,1) = 0.028237989$。

若自由度為 60，$P(|T| \geq 1.96) = \text{TDIST}(1.96,60,2)$

$$= 0.054644927 \text{。}$$

■ 4-7-8　t 分配函數之反函數

傳回指定自由度的 Student 氏的反 t 分配。

（語法）

☐ TINV(probability, degrees_freedom)

☐ Probability：是一個雙尾 Student 氏 t-分配的機率值。

☐ Degrees_freedom：是構成該分配的自由度數目。

 例題 43

若自由度為 60，$P(|T| \geq t) = 0.054645$，則 $t= ?$

解

t=TINV(0.054645,60)=1.96

■ 4-7-9　卡方分配函數

傳回單尾卡方分配的機率值。χ^2 分配與 χ^2 測試有關。χ^2 是用來比較觀測值和預期值的差異。例如就遺傳學的經驗，假設植物會繼承上一代的特定顏色。藉由比較觀察結果和原先的預測，您可以決定原先的假設是否有效。

（語法）

☐ CHIDIST(x, degrees_freedom)

☐ x：為用以進行 χ^2 檢定的數值。

☐ degrees_freedom：即自由度。

 例題 44

若自由度為 10，$P(X>18.307)= ?$

解

$P(X>18.307)$=CHIDIST(18.307,10)=0.050001

■ 4-7-10　卡方分配函數之反函數

傳回單尾卡方分配的反函數值。

語法

☐ CHIINV(probability, degrees_freedom)
☐ Probability：為卡方分配所使用的機率。
☐ Degrees_freedom：為自由度。

 例題 45

若自由度為 10，$P(X>a)=0.05$，求 $a=$ ？

解

a=CHIINV(0.05,10)=18.30703

■ 4-7-11　F 分配函數

傳回 F 機率分配。您可以使用這項函數來決定兩組資料是否有不同的變異程度。例如，您可以檢查男生和女生的高中入學成績，是否女生成績的變異程度不同於男生。

語法

☐ FDIST(x, degrees_freedom1, degrees_freedom2)
☐ X：為用來求算此函數的參數數值。
☐ Degrees_freedom1：為分子的自由度。
☐ Degrees_freedom2：為分母的自由度。

 例題 46

試求分子自由度為 6，分母自由度為 4，$P(F>15.20675)=$ ？

解

$P(F>15.20675)$=FDIST(15.20675,6,4)=0.01

■ 4-7-12　F 分配函數之反函數

傳回 F 機率分配的反函數值。如果 $p=\text{FDIST}(x,\ldots)$，則 $\text{FINV}(p,\ldots)=x$。

F 機率分配可以在 F 檢定中使用，F 檢定是用來比較兩組資料的變異程度。例如，您可以分析美國和加拿大的收入分配，以找出這兩個國家收入的變異程度是否相似。

語法

☐ FINV(probability, degrees_freedom1, degrees_freedom2)

☐ Probability：是和 F 累加分配有關的機率值。

☐ Degrees_freedom1：為分子的自由度。

☐ Degrees_freedom2：為分母的自由度。

 例題 47

試求自由度為 5、10，$P(F \le a) = 0.95$ 之臨界值 a。

解

若 $P(F \le a) = 0.95$，則 $P(F > a) = 0.05$。

$a=\text{FINV}(0.05,5,10)=3.325837$

1. 假設某一地區，每 10 人之中，就有 3 人罹患疾病 A，今從該地區隨機選取 5 人，試求(1)恰有 3 人　(2)至少有 1 人罹患疾病 A 之機率。

2. 假設某一地區自全民健保實施後，每位被保險人一年之中住院之機率為 0.05，今從該地區隨機選取 6 人，試求過去這一年中，(1)恰有 2 人　(2)無人住院之機率。

3. 假設某一地區，某一疾病的治癒率為 0.9，今從該地區隨機選取 1000 人，試求其治癒人數的期望值及標準差。

4. 假設某一醫院，每天平均有 6 位車禍病人求診，若車禍病人來院求診為一卜瓦松分配，試求一天中(1)恰有 5 人　(2)至少有 2 人來院求診之機率。

5. 承上題，試求其來院求診人數的期望值及標準差。

6. 一般人對藥物有過敏現象之機率為 0.2%，在 1000 人中，假設對藥物有過敏現象的人數分配為一卜瓦松分配，令 X 表示對藥物有過敏現象的人數，試求 (1)$P(X=2)$　(2) $P(X \geq 1)$。

7. 假設隨機變數 Z 為一標準常態分配，試求下列各題之機率。

   (1) $P(Z \leq 1)$　(2) $P(Z \leq -1)$　(3) $P(Z \geq 1.5)$　(4) $P(Z > -0.5)$。

8. 假設隨機變數 X 為一常態分配，平均數為 100，標準差為 10，試求下列各題之機率。

   (1) $P(X \leq 110)$　(2) $P(X \leq 90)$　(3) $P(X \geq 115)$　(4) $P(X \leq 95)$。

9. 假設疾病 A 病人之發病年齡為一常態分配，平均數為 70 歲，標準差為 5 歲，試求下列各題之機率。(1)發病年齡超過 80 歲　(2)發病年齡低於 60 歲　(3)發病年齡介於 65 歲至 70 歲之間　(4)發病年齡介於 60 歲至 75 歲之間。

10. 假設隨機變數 Z 為一標準常態分配，試求 a 之值，使得
    (1) $P(Z \leq a) = 0.8$　(2) $P(Z \leq a) = 0.1$　(3) $P(Z \geq a) = 0.05$
    (4) $P(Z \geq a) = 0.01$　(5) $P(-a \leq Z \leq a) = 0.8$　(6) $P(-a \leq Z \leq a) = 0.9$。

11. 假設隨機變數 X 為一平均數為 50，標準差為 3 之常態分配，試求 a、b 之值，使得
    (1) $P(X \leq a) = 0.95$　(2) $P(X \geq a) = 0.95$　(3) $P(a \leq X \leq b) = 0.95$。

12. 假設隨機變數 X 為一自由度為 9 之 t 分配，試求 a 之值，使得
(1) $P(X \leq a) = 0.9$　(2) $P(X \geq a) = 0.9$　(3) $P(-a \leq X \leq a) = 0.9$。

13. 假設隨機變數 X 為一自由度為 6 之 χ^2 分配，試求 a、b 之值，使得
(1) $P(X \leq a) = 0.95$　(2) $P(X \geq b) = 0.95$。

14. 假設隨機變數 X 為一自由度為 6，12 之 F 分配，試求 a、b 之值，使得
(1) $P(X \leq a) = 0.9$　(2) $P(X \geq b) = 0.9$。

抽樣分配

BI◍STATISTICS

5-1　樣本平均數的抽樣分配

5-2　兩樣本平均數差的抽樣分配

5-3　樣本比例的抽樣分配

5-4　兩樣本比例差的抽樣分配

在第一章中，我們曾提及抽樣調查的方法，而抽樣調查所得之數值該如何利用呢？舉凡由樣本所得的統計量，如平均數、標準差、變異數等，皆稱為為**樣本統計量**(Sample Statistic)。而母體平均數、標準差、變異數等數值，則稱為母體**參數**(Parameter)。此些樣本統計量的分配，即為**抽樣分配**(Sampling Distribution)。在此章中，我們將介紹各種樣本統計量的抽樣分配。

 5-1　樣本平均數的抽樣分配

由一已知的母體中，隨機抽取一組大小為 n 的樣本，計算此 n 個觀測值的平均數，此平均數稱為**樣本平均數**，令為 $\bar{x}$，重複為之，當次數夠多時，此些 $\bar{x}$ 的分配，根據數學上機率理論中的中央極限定理，可知其為一常態分配。通常我們會利用樣本平均數 $\bar{x}$，來推論母體平均數 μ，或與母體平均數 μ 做比較。若母體為一平均數 μ，標準差為 σ 的常態分配，則此樣本平均數的抽樣分配，具有下列兩個特性：

1. 此分配是以母體平均數 μ 為中心的分配，即 $\mu_{\bar{x}} = \mu$。
2. 此分配的變異數為母體變異數除以樣本個數，即 $\sigma_{\bar{x}}^2 = \sigma^2 / n$。

而若母體的分配未知或不為一常態分配時，只要樣本數 n 夠大，利用中央極限定理，樣本平均數的抽樣分配，仍可視為一常態分配。因此，

$$Z = \frac{\bar{X} - \mu}{\frac{\sigma}{\sqrt{n}}} \sim N(0,1) \text{ 。}$$

當母體個數為有限個時，我們須對樣本平均數的抽樣分配的標準差作修正，乘以一有限校正因子，此時，

$$\sigma_{\bar{x}} = \frac{\sigma}{\sqrt{n}} \sqrt{\frac{N-n}{N-1}} \quad ,$$

其中 σ 為母體標準差，N 為母體個數，n 為樣本個數，$\sqrt{\dfrac{N-n}{N-1}}$ 稱為有限母體的校正因子(The correction factor for a finite population)。

例題 1

已知某一地區人口的體重分配為一平均數 60 公斤，標準差 8 公斤的常態分配。今從該地區中隨機抽取一樣本數為 16 的樣本，試求其平均體重大於 62 公斤之機率。

解

由題意知，此樣本平均數的抽樣分配，為一平均數 60 公斤，標準差 2 公斤之常態分配。因此，

$$P(\bar{X} > 62) = P(Z > 1) = 0.1587 \text{。}$$

例題 2

已知某一地區成人的尿酸值為一平均數 5.7mg/dL，標準差 1mg/dL 的常態分配。今從該地區中隨機抽取一樣本數為 9 的樣本，試求其平均尿酸值：(1)大於等於 6mg/dL　(2)介於 5mg/dL 至 6.2mg/dL 之間　(3)小於 5.5mg/dL 之機率。

解

由題意知，此樣本平均數的抽樣分配，為一平均數 5.7mg/dL，標準差 1/3mg/dL 之常態分配。因此，

(1)　$P(\bar{X} \geq 6) = P(Z \geq 0.9) = 0.1841$。

(2)　$P(5 \leq \bar{X} \leq 6.2) = P(-2.1 \leq Z \leq 1.5)$

$$= 0.4821 + 0.4332 = 0.9153 \text{。}$$

(3)　$P(\bar{X} < 5.5) = P(Z < -0.6) = 0.2743$。

例題 3

已知某一地區人口血液中膽固醇含量的平均數為 180mg/dL，標準差為 50mg/dL。今從該地區中隨機抽取 100 名樣本，測其血液中膽固醇含量，試求其血液中膽固醇平均含量：(1)大於 190mg/dL (2)小於 175mg/dL 之機率。

由於樣本數夠大，故此樣本平均數的抽樣分配，仍可視為一平均數 180mg/dL，標準差 5mg/dL 之常態分配。因此，

(1) $P(\overline{X} > 190) = P(Z > 2) = 0.0228$ 。

(2) $P(\overline{X} < 175) = P(Z < -1) = 0.1587$ 。

5-2　兩樣本平均數差的抽樣分配

由一平均數為 μ_1，標準差為 σ_1 的常態分配母體 A 中，隨機抽取一組大小為 n_1 的樣本，計算此 n_1 個觀測值的平均數，令為 $\overline{x}_1$，再由另一平均數為 μ_2，標準差為 σ_2 的常態分配母體 B 中，隨機抽取一組大小為 n_2 的樣本，計算此 n_2 個觀測值的平均數，令為 $\overline{x}_2$，重複為之，當次數夠多時，此些樣本平均數差，$\overline{x}_1 - \overline{x}_2$，的抽樣分配亦為一常態分配，且其平均數為 $\mu_1 - \mu_2$，標準差為 $\sqrt{\dfrac{\sigma_1^2}{n_1} + \dfrac{\sigma_2^2}{n_2}}$。因此，

$$Z = \frac{(\overline{X}_1 - \overline{X}_2) - (\mu_1 - \mu_2)}{\sqrt{\dfrac{\sigma_1^2}{n_1} + \dfrac{\sigma_2^2}{n_2}}} \sim N(0,1) \text{。}$$

 例題4

假設訪視疾病 A 病人所需的時間為一平均數 45 分，標準差 15 分的常態分配。而訪視疾病 B 病人所需的時間為一平均數 30 分，標準差 20 分的常態分配。今隨機各抽取 35 名及 25 名作訪視，試求兩者訪視平均時間相差超過 20 分鐘之機率。

解

由題意知，此兩樣本平均數差($\overline{X}_1 - \overline{X}_2$)的抽樣分配，為一平均數 45－30＝15（分），標準差 $\sqrt{\dfrac{15^2}{35} + \dfrac{20^2}{25}} = 4.74$（分）之常態分配。

因此，$P(|\bar{X}_1 - \bar{X}_2| > 20) = P(\bar{X}_1 - \bar{X}_2 > 20) + P(\bar{X}_1 - \bar{X}_2 < -20)$

$$= P(Z > \frac{20 - 15}{4.74}) + P(Z < \frac{-20 - 15}{4.74})$$

$$= P(Z > 1.05) + P(Z < -7.34)$$

$$= (0.5 - 0.3531) + 0 = 0.1469$$

例題 5

今從常態分配母體 A 中，隨機抽取 25 個樣本，再由另一常態分配母體 B 中，隨機抽取 16 個樣本，已知兩母體的平均數相等，母體變異數分別為 100 及 80，試求兩組樣本平均數差小於 6 之機率。

解

由題意知，此兩組樣本平均數差($\bar{X}_1 - \bar{X}_2$)的抽樣分配，為一平均數為 0，標準差為 $\sqrt{\dfrac{100}{25} + \dfrac{80}{16}} = 3$ 之常態分配。

因此，$P(|\bar{X}_1 - \bar{X}_2| < 6) = 2P(0 < \bar{X}_1 - \bar{X}_2 < 6)$

$$= 2P(0 < Z < \frac{6 - 0}{3})$$

$$= 2P(0 < Z < 2) = 0.9544 。$$

而若母體的分配未知或不為一常態分配時，只要樣本數 n_1 及 n_2 夠大，利用中央極限定理，兩樣本平均數差的抽樣分配，仍可視為一常態分配。

例題 6

假設疾病 A 病人之發病年齡，平均為 60 歲，標準差為 10 歲，疾病 B 病人之發病年齡，平均為 50 歲，標準差為 5 歲，今由兩種病人中，隨機各抽取 200 名及 50 名作調查，試求疾病 A 病人發病之平均年齡超過疾病 B 病人發病之平均年齡 9 歲之機率。

解

由題意知，此兩組樣本平均數差($\bar{X}_1 - \bar{X}_2$)的分配，為一平均數 10 歲，標準差為 $\sqrt{\dfrac{10^2}{200} + \dfrac{5^2}{50}} = 1$ 歲之常態分配。

因此，$P(\bar{X}_1 - \bar{X}_2 > 9) = P(Z > -1) = 0.8413$。

5-3　樣本比例的抽樣分配

由一已知的母體中，隨機抽取一組大小為 n 的樣本，當次數 n 夠大時，樣本比例($\bar{P}$)的分配為一常態分配，其平均數與母體比例 p 相同，也就是說，$\mu_{\bar{P}} = p$，而標準差 $\sigma_{\bar{P}} = \sqrt{\dfrac{p(1-p)}{n}}$。因此，

$$Z = \frac{\bar{P} - p}{\sqrt{\dfrac{p(1-p)}{n}}} \sim N(0,1)。$$

而當母體個數為有限個時，此樣本比例的抽樣分配的標準差亦須作修正，乘上一有限母體的校正因子，此時，

$$\sigma_{\bar{P}} = \sqrt{\frac{p(1-p)}{n}} \sqrt{\frac{N-n}{N-1}}，$$

其中 p 為母體比例，N 為母體個數，n 為樣本個數，$\sqrt{\dfrac{N-n}{N-1}}$ 為有限母體的校正因子(The correction factor for a finite population)。

例題 7

已知某一地區的婦女有 90%的人會做產前檢查。今從該地區中隨機抽取 100 婦女，則有做產前檢查的比例少於 85%之機率。

由題意知，此樣本比例 $\overline{P}$ 的抽樣分配，為一平均數 0.9，標準差 $\sqrt{\dfrac{0.9 \times 0.1}{100}} = 0.03$ 之常態分配。因此，

$$P(\overline{P} < 0.85) = P(Z < \frac{0.85 - 0.9}{0.03}) = P(Z < -1.67) = 0.0475 。$$

 例題 8

已知某一地區有 60% 的人會對藥物過敏。今從該地區中隨機抽取 100 名人口作調查，則樣本比例(1)少於 70%　(2)大於 50% 之機率為何？

解

由題意知，此樣本比例 $\overline{P}$ 的抽樣分配，為一平均數 0.6，標準差 $\sqrt{\dfrac{0.6 \times 0.4}{100}} = 0.049$ 之常態分配。因此，

(1)　$P(\overline{P} < 0.7) = P(Z < \dfrac{0.7 - 0.6}{0.049}) = P(Z < 2.04) = 0.9793 。$

(2)　$P(\overline{P} > 0.5) = P(Z > \dfrac{0.5 - 0.6}{0.049}) = P(Z > -2.04) = 0.9793 。$

5-4　兩樣本比例差的抽樣分配

今分別自兩個獨立的母體中，隨機抽取兩組樣本數各為 n_1 及 n_2 的樣本，當次數 n_1 及 n_2 夠大時，此兩組樣本比例差$(\overline{P_1} - \overline{P_2})$的抽樣分配為一常態分配，此分配的平均數與母體的比例差 $p_1 - p_2$ 相同，也就是說，$\mu_{\overline{P_1} - \overline{P_2}} = p_1 - p_2$，而標準差 $\sigma_{\overline{P_1} - \overline{P_2}} = \sqrt{\dfrac{p_1(1 - p_1)}{n_1} + \dfrac{p_2(1 - p_2)}{n_2}}$。因此，

$$Z = \frac{(\overline{P_1} - \overline{P_2}) - (p_1 - p_2)}{\sqrt{\dfrac{p_1(1 - p_1)}{n_1} + \dfrac{p_2(1 - p_2)}{n_2}}} \sim N(0,1) 。$$

例題9

已知某一地區男孩及女孩患色盲的比例均為 0.1。今從該地區中隨機抽取男孩及女孩各 250 名及 200 名，試求其患色盲比例相差超過 5%之機率。

由題意知，此兩樣本比例差$(\bar{P}_1 - \bar{P}_2)$的抽樣分配，為一平均數為 0，

標準差為 $\sqrt{\dfrac{0.1 \times 0.9}{250} + \dfrac{0.1 \times 0.9}{200}} = 0.0285$ 之常態分配。

因此，$P(|\bar{P}_1 - \bar{P}_2| > 0.05) = 2P(\bar{P}_1 - \bar{P}_2 > 0.05)$

$$= 2P(Z > \frac{0.05 - 0}{0.0285})$$

$$= 2P(Z > 1.75) = 2(0.5 - 0.4599) = 0.0802 \text{。}$$

例題10

已知 A、B 兩種藥品的治癒率均為 0.85。今有 100 人用 A 藥，結果有 85 人治癒，150 人用 B 藥，結果有 120 人治癒，試問此兩種藥品的治癒率有更大差異之機率。

由題意知，此兩樣本比例差$(\bar{P}_1 - \bar{P}_2)$的抽樣分配，為一平均數為 0

標準差為 $\sqrt{\dfrac{0.85 \times 015}{100} + \dfrac{0.85 \times 0.15}{150}} = 0.046$ 之常態分配。又 $\bar{p}_1 = 85/100$

$= 0.85$，$\bar{p}_2 = 120/150 = 0.8$。因此，$\bar{p}_1 - \bar{p}_2 = 0.05$，

$$P(\bar{P}_1 - \bar{P}_2 > 0.05) = P(Z > \frac{0.05 - 0}{0.046})$$

$$= P(Z > 1.09)$$

$$= (0.5 - 0.3621) = 0.1379 \text{。}$$

1. 已知某一地區成人的身高為一平均數 165 公分，標準差 10 公分的常態分配。今從該地區中隨機抽取 100 名成人，試求其平均身高(1)超過 165.5 公分　(2)小於 163.5 公分　之機率。

2. 已知疾病 A 病人之發病年齡，平均為 60 歲，標準差為 10 歲，今隨機抽取 100 名疾病 A 病人，試求其平均發病年齡(1)介於 58 歲至 59 歲之間　(2)介於 60 歲至 63 歲之間　之機率。

3. 已知訪視疾病 A 病人所需的時間，平均為 30 分，標準差為 10 分，而訪視疾病 B 病人所需的時間，平均為 40 分，標準差 15 分。假設其訪視時間為常態分配，今隨機自兩母體各抽取 10 名及 15 名病人作訪視，試求(1)兩者訪視的平均時間相差少於 15 分鐘　(2)疾病 B 病人所需的平均訪視時間超過疾病 A 病人所需的平均訪視時間 20 分　之機率。

4. 已知某一地區成年男性及女性的尿酸值為常態分配，其平均數分別為 5.5 及 5.0mg/dL，標準差各為 1 及 1.2mg/dL。今從該地區中隨機各抽取成年男性及女性 100 名及 150 名，試求(1)兩組樣本平均尿酸值差小於 0.2　(2)男性樣本平均尿酸值較女性樣本平均尿酸值大 0.1 之機率。

5. 已知某種藥品的治癒率為 0.6。今從某一地區中隨機抽取 300 名患者接受治療，試求此樣本的治癒率(1)達 65%　(2)低於 50%之機率。

6. 已知 A、B 兩種藥品的治癒率各為 80%及 70%。今從某一地區中隨機各抽取 200 名及 100 名患者分別接受藥物 A 及 B 的治療，試求(1)藥物 A 的樣本治癒率大於藥物 B 的樣本治癒率　(2)此兩種藥物的樣本治癒率相差小於 5%之機率。

MEMO

區間估計

BIG STATISTICS

6-1　母體平均數 μ 的區間估計

6-2　兩母體平均數差 $\mu_1 - \mu_2$ 的區間估計

6-3　母體比例的區間估計

6-4　兩母體比例差的區間估計

6-5　母體變異數 σ^2 的區間估計

6-6　兩母體變異數比 σ_1^2 / σ_2^2 的區間估計

6-7　EXCEL 與區間估計

根據樣本的性質來推論母體性質之過程，稱為推論統計。推論統計的主要內容包括兩部份：一是母數估計，另一是對母數的假設作檢定，也就是**估計**(Estimation)和**假設檢定**(Hypothesis Test)兩種。

ⅢⅢ 名詞解釋

☐ **母數**(parameter)：代表母體性質的量數。

☐ **統計量**(statistic)：樣本性質量數的大小。

☐ **估計量**(estimator)：一個被用來推定母數的統計量。

☐ **估計值**(estimate)：估計量的大小。

當母體的性質不清楚時，我們必須利用某一統計數作為估計數，以幫助了解母數的性質。例如樣本平均數 $\bar{x}$，乃是母體平均數 μ 的估計數。而估計又可分為**點估計**(Point Estimation)和**區間估計**(Interval Estimation)兩種：

(1) **點估計**：當我們只用一個特定的值，亦即數線上的一個特定的點，來作為估計值以估計母數時，稱為點估計。如自 200 名學童中抽出 50 名測量身高，得平均身高 $\bar{x}=125cm$，這數值更是數線上的一個點，若用此數值來作為母體平均數 μ 的估計值，這便是一種點估計。

在作點估計時，估計量須滿足下列三條件：

a. **不偏性**(unbiasedness)：若樣本統計量的期望值等於母體的參數時，則稱此統計量，具有不偏性，如樣本平均數 $\bar{x}$，就是母體平均數 μ 的不偏估計值。

b. **一致性**(consistency)：是指當樣本的總數愈來愈多時，估計量的大小會與它所要估計的母數愈來愈接近或相等。$\bar{x}$ 就是如此，當樣本的總數等於母體的總數時，$\bar{x}$ 就等於 μ。

c. **有效性**(efficiency)：是指估計量的大小不因樣本之不同而變動得太厲害。如中位數 Me 也是 μ 的不偏估計值，但我們很少用它來作為 μ 的不偏估計值，因為當我們每次抽取 n 個樣本後，就找出 $\bar{x}$ 和 Me，抽取多次後，把 $\bar{x}$ 的次數分配和 Me 的次數分配作一比較，會發現由 $\bar{x}$ 所構成的次數分配之變異誤要比由 Me 所構成的次數分配之變異誤小很多，因此若以 Me 作為估計量時，其有效性將大為降低。

(2) **區間估計**：此法是以數線上的某一個區間作為母體母數的估計範圍，如我們不說 200 名學童的平均身高為 125cm，而說他們的平均身高可能落在 120cm~130cm 之間，同時還要說 120cm~130cm 包含 μ 的機率有多大，此時 120cm 到 130cm 是一個區間，而不是一個點，這種估計我們稱為區間估計。

　　當我們作區間估計時，我們想知道在這個區間包含母數的機率有多大，此可信賴之機率值，稱為信賴水準(Confidence Level)；所求出的區間，稱為信賴區間(Confidence Interval)；而該區間的上下限，稱為信賴界限(Confidence Limits)。此時，有兩個基本假設：

a. 估計量是母體母數的不偏估計量。

b. 估計量的分配近似於常態分配。

6-1　母體平均數 μ 的區間估計

■ 6-1-1　母體變異數 σ^2 已知

　　當母體為常態分配，且母體之變異數 σ^2 已知時，由第五章得知，無論樣本數 n 為何，樣本平均數的抽樣分配均為常態分配，且

$$Z = \frac{\bar{X} - \mu}{\frac{\sigma}{\sqrt{n}}} \sim N(0, 1)\text{。}$$

　　若信賴水準為 $100(1-\alpha)\%$，由常態分配的圖形（圖 6-1）可得下列性質：

$$P(Z_{1-\alpha/2} < \frac{\bar{X} - \mu}{\frac{\sigma}{\sqrt{n}}} < Z_{\alpha/2}) = 1 - \alpha$$

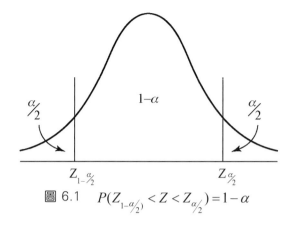

圖 6.1　$P(Z_{1-\alpha/2} < Z < Z_{\alpha/2}) = 1-\alpha$

因為 Z 分配為一對稱的分配，故 $Z_{1-\alpha/2} = -Z_{\alpha/2}$。因此，

$$-Z_{\alpha/2} < \frac{\overline{x}-\mu}{\dfrac{\sigma}{\sqrt{n}}} < Z_{\alpha/2}$$

$$\overline{x} - Z_{\alpha/2} \cdot \frac{\sigma}{\sqrt{n}} < \mu < \overline{x} + Z_{\alpha/2} \cdot \frac{\sigma}{\sqrt{n}}$$

其中 $Z_{\alpha/2} \cdot \dfrac{\sigma}{\sqrt{n}} = E$，稱為**誤差界限**，區間$(\overline{x} - Z_{\alpha/2} \cdot \dfrac{\sigma}{\sqrt{n}}$ ，$\overline{x} + Z_{\alpha/2} \cdot \dfrac{\sigma}{\sqrt{n}})$ 即稱為母體平均數 μ 之 $100(1-\alpha)$% 之信賴區間，也就是，區間 $(\overline{x} - Z_{\alpha/2} \cdot \dfrac{\sigma}{\sqrt{n}}$ ，$\overline{x} + Z_{\alpha/2} \cdot \dfrac{\sigma}{\sqrt{n}})$包含母體平均數 μ 之機率為 $1-\alpha$。

例題 1

某教師利用魏氏兒童智力量表(WISC)，測量該校某年級學童的智商，今隨機抽取 200 名學童做測驗，得平均智商為 115，試求該校該年級學生的平均智商的 95%的信賴區間。(WISC 之 σ =15)

解

我們須先設定此樣本平均數 $\overline{X}$ 的次數分配為一常態分配。信賴水準為 95%，即 $1-\alpha$ =0.95，也就是說

$$P = (-Z_{\alpha/2} < \frac{\overline{X}-\mu}{\dfrac{\sigma}{\sqrt{n}}} < Z_{\alpha/2}) = 0.95$$

查表可知 $Z_{0.025}=1.96$，也就是 μ 可能落在平均數 $\bar{x}$ 之上下 1.96 個標準誤差之間，則

$$\bar{x}\pm1.96(\sigma/\sqrt{n})=115\pm1.96(\frac{15}{\sqrt{200}})=115\pm2.08 \circ$$

因此，該校該年級學生平均智商的 95% 的信賴區間為 (112.92，117.08)。也就是說，該校該年級學生的智商 112.92~117.08 會包含 μ 之機率為 0.95。

 例題 2

已知一母體為一常態分配且其變異數為 10，若某教師欲得知該校國小一年級學童的平均身高為何，採隨機抽樣的方法從中抽取 100 名學生做調查，得知平均身高為 115 分，試求該年級學童平均身高的 90% 信賴區間。

解

$1-\alpha=0.90$，查表得知 $Z_{0.05}=1.645$，則

$$\bar{x}\pm1.645\cdot\frac{\sigma}{\sqrt{n}}=115\pm1.645\cdot\frac{\sqrt{10}}{\sqrt{100}}=115\pm0.52 \circ$$

即 (114.48, 115.52) 為其 90% 之信賴區間。

■ 6-1-2　母體變異數 σ^2 未知

當母體為一常態分配，且變異數 σ^2 未知，樣本數 n 又不夠大時，則需使用 t 分配來對母數 μ 作區間估計。

$$t=\frac{\overline{X}-\mu}{\frac{s}{\sqrt{n}}}\sim t_{n-1}，自由度為 n-1 \circ$$

若信賴水準為 $100(1-\alpha)\%$，則

$$P(t_{1-\frac{\alpha}{2}} < \frac{\overline{X} - \mu}{\frac{s}{\sqrt{n}}} < t_{\frac{\alpha}{2}}) = 1 - \alpha$$

因為 t 分配為一對稱的分配，故 $t_{1-\frac{\alpha}{2}} = -t_{\frac{\alpha}{2}}$。因此，區間 $(\overline{x} - t_{\frac{\alpha}{2}} \cdot \frac{s}{\sqrt{n}}, \ \overline{x} + t_{\frac{\alpha}{2}} \cdot \frac{s}{\sqrt{n}})$，即為母體平均數 μ 之 $100(1-\alpha)\%$ 之信賴區間。

例題 3

設有一常態分配母體，母體變異數未知，今隨機抽取 16 個樣本，樣本平均數 $\overline{x}=3.58$，樣本標準差 $s=0.72$，試求母體平均數(1)95%之信賴區間　(2)90%之信賴區間。

解

(1) 查表得 $t_{(0.025,15)}=2.1315$，因此，

$$\overline{x} \pm t_{(0.025,15)} \cdot \frac{s}{\sqrt{n}} = 3.58 \pm 2.1315 \times \frac{0.72}{\sqrt{16}} = 3.58 \pm 0.38 \ 。$$

即(3.2, 3.96)為母體平均數 μ 之 95%之信賴區間。

(2) 查表得 $t_{(0.05,15)}=1.753$，因此，

$$\overline{x} \pm t_{(0.05,15)} \cdot \frac{s}{\sqrt{n}} = 3.58 \pm 1.753 \times \frac{0.72}{\sqrt{16}} = 3.58 \pm 0.32 \ 。$$

即(3.26, 3.90)為母體平均數 μ 之 90%之信賴區間。

例題 4

設有一常態分配母體，母體變異數未知，今隨機抽取 15 個樣本測其血清澱粉酶(serum amylase)，得其樣本平均數 $\overline{x}=96$ 單位/100ml，樣本標準差 $s=35$ 單位/100ml，試求母體平均數之 95%之信賴區間。

解

查表得 $t_{(0.025,14)}=2.1448$，故信賴區間為 $96 \pm 2.1448(35/\sqrt{15}) = 96 \pm 19.38=(76.62, 115.38)$。

例題5

設有一常態分配母體，母體變異數未知，今隨機抽取 6 個樣本，得其樣本平均數為 22.5，樣本變異數為 2.56，試求其 90% 之母體平均數的信賴區間。

查表得 $t_{(0.05,5)}=2.015$，因此，

$$\bar{x} \pm t_{(0.05,5)} \cdot \frac{s}{\sqrt{n}} = 22.5 \pm 2.015 \times \frac{\sqrt{2.56}}{\sqrt{6}} = 22.5 \pm 1.32 \text{。}$$

即 $(21.18, 23.82)$ 為母體平均數 μ 之 90% 之信賴區間。

若母體的分配未知或不為常態分配時，當 n 夠大時 $(n>30)$，不論母體變異數是否為已知，皆可視為常態分配。

例題6

欲研究一醫院門診病人是否按照預約的時間前來就診，今隨機選取 35 個病人，發現平均晚 17.2 分鐘到診，且由過去的經驗得知，此一事件的標準差為 8 分鐘。已知母體大概不是常態分配，試求其平均數 μ 的 90% 之信賴區間。

$1-\alpha=0.90$，查表得知 $Z_{0.05}=1.645$。

故信賴區間為 $17.2 \pm 1.645(8/\sqrt{35})=17.2 \pm 2.2=(15.0, 19.4)$。

例題7

研究某一群體平均心跳次數，今隨機選取 49 人作實驗，發現其平均次數是 90，標準差為 10，假設母體為常態分配，試求其平均數 μ 的 (1)95%　(2)99% 之信賴區間。

解

(1) $1-\alpha=0.95$，查表得知 $Z_{0.025}=1.96$，

故信賴區間為 $90\pm1.96(10/\sqrt{49})=90\pm2.8=(87.2, 92.8)$。

(2) $1-\alpha=0.99$，查表得知 $Z_{0.005}=2.575$，

故信賴區間為 $90\pm2.575(10/\sqrt{49})=90\pm3.68=(86.32, 93.68)$。

反過來，我們亦可由信賴區間的大小，來求樣本數的大小。

例題8

一醫師欲估計其醫院嬰兒之平均體重，他應抽多少樣本才能得到 (1)95%之信賴區間為 1 磅，(2)99%之信賴區間為 1 磅。（假設 $\sigma=1$ 磅）

解

$1-\alpha=0.95$，查表得知 $Z_{0.025}=1.96$。

$1-\alpha=0.99$，查表得知 $Z_{0.005}=2.575$。

由題意知，$E=Z_{\alpha/2}\cdot\dfrac{\sigma}{\sqrt{n}}=0.5$，故

(1) $1.96\cdot\dfrac{1}{\sqrt{n}}=0.5$，$n=15.37\approx16$。

(2) $2.575\cdot\dfrac{1}{\sqrt{n}}=0.5$，$n=26.52\approx27$。

表 6.1　母體平均數 μ 的區間估計

σ \ 樣本 \ 母體		常態	非常態
σ 已 知	小樣本$(n \le 30)$	$Z = \dfrac{\bar{X} - \mu}{\sigma / \sqrt{n}}$	可使用無母數統計
	大樣本$(n > 30)$	$Z = \dfrac{\bar{X} - \mu}{\sigma / \sqrt{n}}$	$Z = \dfrac{\bar{X} - \mu}{\sigma / \sqrt{n}}$ （中央極限定理）
σ 未 知	小樣本$(n \le 30)$	$t = \dfrac{\bar{X} - \mu}{s / \sqrt{n}}$	
	大樣本$(n > 30)$	$Z = \dfrac{\bar{X} - \mu}{s / \sqrt{n}}$	$Z = \dfrac{\bar{X} - \mu}{s / \sqrt{n}}$ （中央極限定理）

6-2　兩母體平均數差 $\mu_1 - \mu_2$ 的區間估計

設有兩個常態母體，今從中分別抽取 n_1、n_2 個獨立的隨機樣本。

μ_1、σ_1^2 分別為第一個母體的平均數及變異數

μ_2、σ_2^2 分別為第二個母體的平均數及變異數

$\bar{x}_1$、s_1^2 分別為第一個母體的樣本平均數及變異數

$\bar{x}_2$、s_2^2 分別為第二個母體的樣本平均數及變異數

■ 6-2-1　母體變異數 σ_1^2、σ_2^2 已知

由抽樣分配理論知 $\bar{X}_1 \sim N(\mu_1, \sigma_1^2 / n_1)$，$\bar{X}_2 \sim N(\mu_2, \sigma_2^2 / n_2)$，

則 $\bar{X}_1 - \bar{X}_2 \sim N(\mu_1 - \mu_2, \dfrac{\sigma_1^2}{n_1} + \dfrac{\sigma_2^2}{n_2})$，即

$$Z = \frac{(\bar{X}_1 - \bar{X}_2) - (\mu_1 - \mu_2)}{\sqrt{\dfrac{\sigma_1^2}{n_1} + \dfrac{\sigma_2^2}{n_2}}} \sim N(0,1) \text{ 。}$$

若信賴水準為 $100(1-\alpha)\%$，則

$$P(Z_{1-\alpha/2} < \frac{(\bar{X}_1 - \bar{X}_2) - (\mu_1 - \mu_2)}{\sqrt{\dfrac{\sigma_1^2}{n_1} + \dfrac{\sigma_2^2}{n_2}}} < Z_{\alpha/2}) = 1 - \alpha \text{ 。}$$

例題 9

設有兩個常態母體，今從中分別抽取 12 及 10 個獨立的隨機樣本。已知 $\sigma_1^2 = 23$，$\sigma_2^2 = 18$，$\bar{x}_1 = 72$，$\bar{x}_2 = 65$，試求兩個母體平均數差的 90%的信賴區間。

解

查表可知 $Z_{0.05} = 1.645$，因此

$$-1.645 < \frac{(\bar{x}_1 - \bar{x}_2) - (\mu_1 - \mu_2)}{\sqrt{\dfrac{\sigma_1^2}{n_1} + \dfrac{\sigma_2^2}{n_2}}} < 1.645$$

$$-1.645 < \frac{(72 - 65) - (\mu_1 - \mu_2)}{\sqrt{\dfrac{23}{12} + \dfrac{18}{10}}} < 1.645$$

$$7 - 1.645 \cdot \sqrt{\frac{23}{12} + \frac{18}{10}} < \quad \mu_1 - \mu_2 \quad < 7 + 1.645 \cdot \sqrt{\frac{23}{12} + \frac{18}{10}}$$

$$3.83 < \quad \mu_1 - \mu_2 \quad < 10.17$$

例題 10

從 100 個疾病 A 病人的樣本中得知，病人的平均住院日數為 35 日，又由 150 個疾病 B 病人的樣本中得知，病人的平均住院日數為 28 日。若兩個母體的變異數分別為 100 及 225，試求其母體平均數差的(1)90%　(2)95%之信賴區間。

解

(1) $1-\alpha=0.9$，查表得知 $Z_{0.05}=1.645$

故信賴區間為$(35-28)\pm1.645(\sqrt{\dfrac{100}{100}+\dfrac{225}{150}})$

$=7\pm2.6=(4.4,\ 9.6)$

(2) $1-\alpha=0.95$，查表得知 $Z_{0.025}=1.96$

故信賴區間為$(35-28)\pm1.96(\sqrt{\dfrac{100}{100}+\dfrac{225}{150}})$

$=7\pm3.1=(3.9,\ 10.1)$

■ 6-2-2　母體變異數 σ_1^2、σ_2^2 未知($\sigma_1^2=\sigma_2^2$，$n_1,n_2\leq30$)

由抽樣分配理論知，若 $\overline{X}_1\sim N(\mu_1,\ \sigma_1^2/n_1)$，$\overline{X}_2\sim N(\mu_2,\ \sigma_2^2/n_2)$，

$$t=\frac{(\overline{X}_1-\overline{X}_2)-(\mu_1-\mu_2)}{s_p\sqrt{1/n_1+1/n_2}}\sim t(n_1+n_2-2)$$

其中　　$s_p^2=\dfrac{(n_1-1)s_1^2+(n_2-1)s_2^2}{n_1+n_2-2}$

若信賴水準為 $100(1-\alpha)\%$，則

$$P(t_{1-\alpha/2}<\frac{(\overline{X}_1-\overline{X}_2)-(\mu_1-\mu_2)}{s_p\sqrt{1/n_1+1/n_2}}<t_{\alpha/2})=1-\alpha$$

 例題 11

設有兩個常態母體，其變異數相等，今從中分別抽取 5 及 7 個獨立的隨機樣本。已知 $\overline{x}_1=26$，$\overline{x}_2=13$，$s_1^2=8.5$，$s_2^2=3.6$，試求兩個母體平均數差的(1)90%　(2)95%的信賴區間。

解

由於母體的變異數未知且相等，樣本的個數不夠大，故此平均數差的抽樣分配為一自由度$(5+7-2)=10$ 的 t 的分配。首先，計算 s_p^2，

$$s_p^2 = \frac{(n_1-1)s_1^2 + (n_2-1)s_2^2}{n_1 + n_2 - 2}$$

$$= \frac{(5-1)\cdot(8.5) + (7-1)\cdot(3.6)}{10} = 5.56$$

(1) 查表可知 $t_{(0.05,10)}=1.812$，因此

$$-1.812 < \frac{(\overline{x_1} - \overline{x_2}) - (\mu_1 - \mu_2)}{s_p\sqrt{1/n_1 + 1/n_2}} < 1.812$$

$$-1.812 < \frac{(26-13) - (\mu_1 - \mu_2)}{\sqrt{5.56}\sqrt{1/5 + 1/7}} < 1.812$$

$$13 - 1.812\times1.381 < \quad \mu_1 - \mu_2 \quad < 13+1.812\times1.381$$

$$10.498 < \quad \mu_1 - \mu_2 \quad < 15.502$$

(2) 查表可知 $t_{(0.025,10)}=2.228$，因此

$$-2.228 < \frac{(\overline{x_1} - \overline{x_2}) - (\mu_1 - \mu_2)}{s_p\sqrt{1/n_1 + 1/n_2}} < 2.228$$

$$-2.228 < \frac{(26-13) - (\mu_1 - \mu_2)}{\sqrt{5.56}\sqrt{1/5 + 1/7}} < 2.228$$

$$13 - 2.228\times1.381 < \quad \mu_1 - \mu_2 \quad < 13+2.228\times1.381$$

$$9.924 < \quad \mu_1 - \mu_2 \quad < 16.076$$

 例題 12

若兩個母體近似於常態分配，其變異數相等，今從中分別抽取 9 及 7 個獨立的隨機樣本。已知 $\overline{x_1}=23$，$\overline{x_2}=15$，$s_1=1.2$，$s_2=1.5$ 試求兩個母體平均數差的(1)90% (2)95%的信賴區間。

解

由於兩個母體近似於常態分配，亦可視為常態分配，又母體的變異數未知且相等，樣本的個數不夠大，故此平均數差的抽樣分配為一自由度$(9+7-2)=14$ 的 t 分配。

$$s_p^2 = \frac{(n_1-1)s_1^2 + (n_2-1)s_2^2}{n_1 + n_2 - 2}$$

$$= \frac{(9-1)\cdot(1.2)^2 + (7-1)\cdot(1.5)^2}{14} = 1.787$$

(1) 查表可知 $t_{(0.05,14)} = 1.7613$，因此

$$-1.7613 < \frac{(\bar{x}_1 - \bar{x}_2) - (\mu_1 - \mu_2)}{s_p \sqrt{1/n_1 + 1/n_2}} < 1.7613$$

$$-1.7613 < \frac{(23-15) - (\mu_1 - \mu_2)}{\sqrt{1.787}\sqrt{1/9 + 1/7}} < 1.7613$$

$$8 - 1.7613 \times 0.674 < \quad \mu_1 - \mu_2 \quad < 8 + 1.7613 \times 0.674$$

$$6.813 < \quad \mu_1 - \mu_2 \quad < 9.187$$

(2) 查表可知 $t_{(0.025,14)} = 2.1448$，因此

$$-2.1448 < \frac{(\bar{x}_1 - \bar{x}_2) - (\mu_1 - \mu_2)}{s_p \sqrt{1/n_1 + 1/n_2}} < 2.1448$$

$$2.1448 < \frac{(23-15) - (\mu_1 - \mu_2)}{\sqrt{1.787}\sqrt{1/9 + 1/7}} < 2.1448$$

$$8 - 2.1448 \times 0.674 < \quad \mu_1 - \mu_2 \quad < 8 + 2.1448 \times 0.674$$

$$6.554 < \quad \mu_1 - \mu_2 \quad < 9.446$$

例題 13

將 24 隻缺乏維他命 D 的動物分成兩組，第一組給予含維他命 D 的食物，第二組不含，實驗終了之後，發現血漿中鈣質含量

第一組樣本平均數為 11.1mg/100ml，標準差為 1.5

第二組樣本平均數為 7.8mg/100ml，標準差為 2.0

假設兩母體均為常態分配且有相等的變異數，試求其平均數差的

(1)90%　(2)95%　(3)99%之信賴區間。

解

$$s_p^2 = \frac{(n_1-1)s_1^2 + (n_2-1)s_2^2}{n_1 + n_2 - 2}$$

$$= \frac{(12-1)\cdot(1.5)^2 + (12-1)\cdot(2.0)^2}{22} = 3.125$$

故信賴區間分別為

(1) $(11.1-7.8)\pm1.7171(\sqrt{3.125(1/12 + 1/12)}\,)$

$=3.3\pm1.7171(0.722)=3.3\pm1.24(2.06,\ 4.54)$

(2) $(11.1-7.8)\pm2.0739(\sqrt{3.125(1/12 + 1/12)}\,)$

$=3.3\pm2.0739(0.722)=3.3\pm1.497(1.8,\ 4.8)$

(3) $(11.1-7.8)\pm2.8188(\sqrt{3.125(1/12 + 1/12)}\,)$

$=3.3\pm2.8188(0.722)=3.3\pm2.034(1.266,\ 5.334)$

■ 6-2-3 母體變異數 σ_1^2、σ_2^2 未知($\sigma_1^2 \neq \sigma_2^2$，$n_1,n_2 \leq 30$)

由抽樣分配理論知，若 $\overline{X}_1 \sim N(\mu_1, \sigma_1^2/n_1)$，$\overline{X}_2 \sim N(\mu_2, \sigma_2^2/n_2)$，則

$$t = \frac{(\overline{X}_1 - \overline{X}_2) - (\mu_1 - \mu_2)}{\sqrt{s_1^2/n_1 + s_2^2/n_2}} \sim t(v)$$

其中自由度　$v = \dfrac{(s_1^2/n_1 + s_2^2/n_2)^2}{\dfrac{(s_1^2/n_1)^2}{n_1-1} + \dfrac{(s_2^2/n_2)^2}{n_2-1}}$　。

若信賴水準為 $100(1-\alpha)\%$，則

$$P(t_{1-\alpha/2} < \frac{(\overline{X}_1 - \overline{X}_2) - (\mu_1 - \mu_2)}{\sqrt{s_1^2/n_1 + s_2^2/n_2}} < t_{\alpha/2}) = 1 - \alpha \quad 。$$

例題 14

設有兩個常態母體，其變異數不等，今從中分別抽取 15 及 13 個
獨立的隨機樣本。已知 $\bar{x}_1=856$，$\bar{x}_2=750$，$s_1^2=1235$，$s_2^2=1180$，
試求兩個母體平均數差的(1)90%　(2)95%的信賴區間。

解

由於兩母體的變異數未知且不等，且樣本的個數不夠大，故此平
均數差的抽樣分配為一自由度 v 的 t 分配，其中

$$
\begin{aligned}
v &= \frac{(s_1^2/n_1 + s_2^2/n_2)^2}{\dfrac{(s_1^2/n_1)^2}{n_1-1} + \dfrac{(s_2^2/n_2)^2}{n_2-1}} \\
&= \frac{(1235/15 + 1180/13)^2}{\dfrac{(1235/15)^2}{15-1} + \dfrac{(1180/13)^2}{13-1}} \\
&= 25.593 \approx 26
\end{aligned}
$$

(1) 查表可知 $t_{(0.05, 26)}=1.7056$，因此

$$-1.7056 < \frac{(\bar{x}_1 - \bar{x}_2) - (\mu_1 - \mu_2)}{\sqrt{s_1^2/n_1 + s_2^2/n_2}} < 1.7056$$

$$-1.7056 < \frac{(856 - 750) - (\mu_1 - \mu_2)}{\sqrt{1235/15 + 1180/13}} < 1.7056$$

$$106 - 1.7056 \times 13.157 < \quad \mu_1 - \mu_2 \quad < 106 + 1.7056 \times 13.157$$

$$83.559 < \quad \mu_1 - \mu_2 \quad < 128.441$$

(2) 查表可知 $t_{(0.025, 26)}=2.0555$，因此

$$-2.0555 < \frac{(\bar{x}_1 - \bar{x}_2) - (\mu_1 - \mu_2)}{\sqrt{s_1^2/n_1 + s_2^2/n_2}} < 2.0555$$

$$-2.0555 < \frac{(856 - 750) - (\mu_1 - \mu_2)}{\sqrt{1235/15 + 1180/13}} < 2.0555$$

$$106 - 2.0555 \times 13.157 < \quad \mu_1 - \mu_2 \quad < 106 + 2.0555 \times 13.157$$

$$78.956 < \quad \mu_1 - \mu_2 \quad < 133.044$$

 例題 15

若兩個母體近似於常態分配，其變異數不等，今從中分別抽取 10 及 12 個獨立的隨機樣本。已知 $\bar{x}_1=180$，$\bar{x}_2=150$，$s_1^2=1200$，$s_2^2=875$，試求兩個母體平均數差的(1)90% (2)95%的信賴區間。

解

由於母體近似於常態分配，亦可視為常態分配，又兩母體的變異數未知且不等，樣本的個數不夠大，故此平均數差的抽樣分配為一自由度 v 的 t 分配，其中

$$v=\frac{(s_1^2/n_1+s_2^2/n_2)^2}{\dfrac{(s_1^2/n_1)^2}{n_1-1}+\dfrac{(s_2^2/n_2)^2}{n_2-1}}$$

$$=\frac{(1200/10+875/12)^2}{\dfrac{(1200/10)^2}{10-1}+\dfrac{(875/12)^2}{12-1}}$$

$$=17.864\approx18$$

(1) 查表可知 $t_{(0.05,18)}=1.7341$，因此

$$-1.7341<\frac{(\bar{x}_1-\bar{x}_2)-(\mu_1-\mu_2)}{\sqrt{s_1^2/n_1+s_2^2/n_2}}<1.7341$$

$$-1.7341<\frac{(180-150)-(\mu_1-\mu_2)}{\sqrt{1200/10+875/12}}<1.7341$$

$$30-1.7341\times13.889<\quad\mu_1-\mu_2\quad<30+1.7341\times13.889$$

$$5.915<\quad\mu_1-\mu_2\quad<54.085$$

(2) 查表可知 $t_{(0.025,18)}=2.1009$，因此

$$-2.1009<\frac{(180-150)-(\mu_1-\mu_2)}{\sqrt{1200/10+875/12}}<2.1009$$

$$30-2.1009\times13.889<\quad\mu_1-\mu_2\quad<30+2.1009\times13.889$$

$$0.821<\quad\mu_1-\mu_2\quad<59.179$$

■ 6-2-4　母體變異數 σ_1^2、σ_2^2 未知$(n_1, n_2 > 30)$

無論母體的分配是否為常態分配，當樣本數夠大時$(n>30)$，皆可視為常態分配。

$$Z = \frac{(\overline{X}_1 - \overline{X}_2) - (\mu_1 - \mu_2)}{\sqrt{s_1^2 / n_1 + s_2^2 / n_2}} \sim N(0, 1)$$

若信賴水準為 $100(1-\alpha)\%$，則

$$P(Z_{1-\frac{\alpha}{2}} < \frac{(\overline{X}_1 - \overline{X}_2) - (\mu_1 - \mu_2)}{\sqrt{s_1^2 / n_1 + s_2^2 / n_2}} < Z_{\frac{\alpha}{2}}) = 1-\alpha \text{。}$$

 例題 16

某市場研究員想了解甲、乙兩商店每日平均營業額的差數，今自甲、乙兩商店分別抽取 50 日、70 日的資料，結果如下：

甲商店	乙商店
$\overline{x}_1 = 65$	$\overline{x}_2 = 43$
$s_1 = 15$	$s_2 = 13$
$n_1 = 50$	$n_2 = 70$

（單位：萬元）

試求甲、乙兩商店每日平均營業額的差數的 95% 信賴區間。

解

查表可知 $Z_{0.025} = 1.96$，因此

$$-1.96 < \frac{(\overline{x}_1 - \overline{x}_2) - (\mu_1 - \mu_2)}{\sqrt{\dfrac{s_1^2}{n_1} + \dfrac{s_2^2}{n_2}}} < 1.96$$

$$-1.96 < \frac{(65 - 43) - (\mu_1 - \mu_2)}{\sqrt{\dfrac{15^2}{50} + \dfrac{13^2}{70}}} < 1.96$$

$$22 - 1.96 \cdot \sqrt{\frac{15^2}{50} + \frac{13^2}{70}} < \quad \mu_1 - \mu_2 \quad < 22 + 1.96 \cdot \sqrt{\frac{15^2}{50} + \frac{13^2}{70}}$$

$$16.85 < \quad \mu_1 - \mu_2 \quad < 27.15$$

 例題 17

抽樣調查某國小五年級 300 名男生和 280 名女生的身高，得其平均數分別為 145.5 公分及 140.2 公分，標準差分別為 15.6 公分及 11.3 公分，試求男女身高平均數差的 90%的信賴區間。

解

查表可知 $Z_{0.05}$=1.645，因此

$$-1.645 < \quad \frac{(\bar{x}_1 - \bar{x}_2) - (\mu_1 - \mu_2)}{\sqrt{s_1^2/n_1 + s_2^2/n_2}} \quad < 1.645$$

$$-1.645 < \quad \frac{(145.5 - 140.2) - (\mu_1 - \mu_2)}{\sqrt{(15.6^2/300) + (11.3^2/280)}} \quad < 1.645$$

$$5.3 - 1.645 \times 1.13 < \quad \mu_1 - \mu_2 \quad < 5.3 + 1.645 \times 1.13$$

$$3.44 < \quad \mu_1 - \mu_2 \quad < 7.16$$

故男女生身高平均數差的 90%的信賴區間為(3.44, 7.16)

表 6.2　母體平均數差 $\mu_1 - \mu_2$ 的區間估計

σ ＼ 樣本	母體	常態	非常態
σ_1 σ_2 已知	小樣本($n \le 30$)	$Z = \dfrac{(\overline{X}_1 - \overline{X}_2) - (\mu_1 - \mu_2)}{\sqrt{(\sigma_1^2 / n_1) + (\sigma_2^2 / n_2)}}$	可使用無母數統計
	大樣本($n>30$)	$Z = \dfrac{(\overline{X}_1 - \overline{X}_2) - (\mu_1 - \mu_2)}{\sqrt{(\sigma_1^2 / n_1) + (\sigma_2^2 / n_2)}}$	同左（中央極限定理）
σ_1 σ_2 未知	小樣本($n \le 30$)	$\sigma_1^2 = \sigma_2^2$ $t = \dfrac{(\overline{X}_1 - \overline{X}_2) - (\mu_1 - \mu_2)}{s_p \cdot \sqrt{1/n_1 + 1/n_2}}$ $s_p^2 = \dfrac{(n_1 - 1)s_1^2 + (n_2 - 1)s_2^2}{n_1 + n_2 - 2}$ d.f.$=n_1+n_2-2$<hr>$\sigma_1^2 \ne \sigma_2^2$ $t = \dfrac{(\overline{X}_1 - \overline{X}_2) - (\mu_1 - \mu_2)}{\sqrt{s_1^2 / n_1 + s_2^2 / n_2}}$ d.f.$= \dfrac{(s_1^2 / n_1 + s_2^2 / n_2)^2}{\dfrac{(s_1^2 / n_1)^2}{n_1 - 1} + \dfrac{(s_2^2 / n_2)^2}{n_2 - 1}}$	
	大樣本($n>30$)	$Z = \dfrac{(\overline{X}_1 - \overline{X}_2) - (\mu_1 - \mu_2)}{\sqrt{s_1^2 / n_1 + s_2^2 / n_2}}$	同左(Z)（中央極限定理）

6-3　母體比例的區間估計

　　考慮一個二項分配母體，其母體的比例 p 未知，如我們希望知道某種藥物的治癒率有多高？或是某一社區中 B 型肝炎帶原者的比率有多少？這都是屬於估計母體比例的問題。欲估計此未知數 p，我們從一個二項分配母體中，隨機抽取一組大小為 n 的機本，若成功的次數為 x，樣本比例 $\overline{p} = x/n$，我們希望藉由這些數值，建立適當的 p 的信賴區間，來估計母體比例 p。

在第五章第三節中，我們曾提及樣本比例($\overline{P}$)的分配為一常態分配，其平均數與母體比例 p 相同，也就是說，$\mu_{\overline{p}} = p$，標準差 $\sigma_{\overline{p}} = \sqrt{\dfrac{p(1-p)}{n}}$。且當 $np \geq 5$ 及 $n(1-p) \geq 5$ 時，$\overline{P}$ 的分配近乎常態分配。由於不知道 p 值，故無法直接計算出 $\sigma_{\overline{p}}$，因此，我們以樣本比例 $\overline{p}$ 取代 p，來估計 $\sigma_{\overline{p}}$ 值，也就是用

$$s_{\overline{p}} = \sqrt{\frac{\overline{p}(1-\overline{p})}{n}}$$

作為 $\sigma_{\overline{p}}$ 的近似值。若信賴水準為 $100(1-\alpha)\%$，則母體比例 p 的信賴區間為

$$\overline{p} \pm Z_{\alpha/2} \sigma_{\overline{p}}$$

或寫成

$$\left(\overline{p} - Z_{\alpha/2} \sigma_{\overline{p}} \, , \, \overline{p} + Z_{\alpha/2} \sigma_{\overline{p}} \right)$$

 例題 18

今從某地區隨機抽取 100 名婦女作調查，發現其中有 85 人有做產前檢查，試求該地區婦女有做產前檢查的 90% 之信賴區間。

解

樣本統計量 $n=100$，$x=85$，$\overline{p}=85/100=0.85$，由於 $np=100 \times 0.85$ $=85 \geq 5$ 及 $n(1-p)=100 \times 0.15=15 \geq 5$，故此樣本比例 $\overline{P}$ 的抽樣分配近似常態分配，標準差 $s_{\overline{p}} = \sqrt{\dfrac{0.85 \times 0.15}{100}} \approx 0.036$。又查表得知，$Z_{0.05}=1.645$，因此，母體比例 p 的 90% 之信賴區間為

$$\overline{p} \pm Z_{\alpha/2} \sigma_{\overline{p}} = 0.85 \pm 1.645 \times 0.036 = 0.85 \pm 0.06$$

或寫成 $(0.79, 0.91)$。故我們有 90% 的確定性認為該地區至少有 79% 的婦女有做產前檢查。

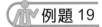 **例題 19**

今隨機抽取某地區 300 名國中學童作調查，發現其中 B 型肝炎帶原者的比率為 6%。試求該地區國中學童 B 型肝炎帶原者的比率的 98% 之信賴區間。

樣本統計量　$n=300$，$\overline{p}=0.06$，由於　$np=300\times0.06=18\geq 5$　及 $n(1-p)=300\times0.94=282\geq 5$，故此樣本比例 $\overline{P}$ 的抽樣分配近似常態分配，標準差 $s_{\overline{p}}=\sqrt{\dfrac{0.06\times 0.94}{300}}\approx 0.014$。又查表得知，$Z_{0.01}=2.33$，因此，母群體比例 p 的 98% 之信賴區間為

$$\overline{p}\pm Z_{\alpha/2}\sigma_{\overline{P}}=0.06\pm 2.33\times 0.014=0.06\pm 0.032$$

或寫成(0.028, 0.092)。故我們有 98%的確定性認為該地區至少有 2.8%的國中學童是 B 型肝炎帶原者。

6-4　兩母體比例差的區間估計

考慮兩個二項分配母體，其母體的比例 p_1 及 p_2 未知。如我們想要知道兩種新藥物的治癒率的差異有多大？或是都市及鄉村中 B 型肝炎帶原者的比率的差別有多少？這都是屬於估計兩母體比例差異的問題。欲估計 p_1-p_2 的大小，我們分別自兩個獨立的二項分配母體中，隨機抽取兩組樣本數各為 n_1 及 n_2 的樣本，若成功的次數分別為 x_1 及 x_2，樣本比例各為 $\overline{p}_1=x_1/n_1$ 及 $\overline{p}_2=x_2/n_2$，我們希望藉由這些數值，建立適當的 p_1-p_2 的信賴區間，來估計兩個母群體比例的差異 p_1-p_2。

在第五章第四節中，我們曾提及樣本比例差$(\overline{P}_1-\overline{P}_2)$的分配為一常態分配，$\mu_{\overline{P}_1-\overline{P}_2}=p_1-p_2$，標準差 $\sigma_{\overline{P}_1-\overline{P}_2}=\sqrt{\dfrac{p_1(1-p_1)}{n_1}+\dfrac{p_2(1-p_2)}{n_2}}$。且當 $n_1p_1\geq 5$，$n_1(1-p_1)\geq 5$ 及 $n_2p_2\geq 5$，$n_2(1-p_2)\geq 5$ 時，$\overline{P}_1-\overline{P}_2$ 的分配近乎常態分配。由於不知道 p_1 及 p_2 值，故無法直接計算出 $\sigma_{\overline{P}_1-\overline{P}_2}$，因此，我們以樣本比例 $\overline{p}_1$ 取代 p_1，$\overline{p}_2$ 取代 p_2，來估計 $\sigma_{\overline{P}_1-\overline{P}_2}$ 值，也就是用

$$s_{\overline{p}_1 - \overline{p}_2} = \sqrt{\frac{\overline{p}_1(1 - \overline{p}_1)}{n_1} + \frac{\overline{p}_2(1 - \overline{p}_2)}{n_2}}$$

作為 $\sigma_{\overline{p}_1 - \overline{p}_2}$ 的近似值。若信賴水準為 $100(1-\alpha)\%$，則兩母體比例差 $p_1 - p_2$ 的信賴區間為

$$\overline{p}_1 - \overline{p}_2 \pm Z_{\alpha/2} \sigma_{\overline{p}_1 - \overline{p}_2}$$

或寫成

$$(\overline{p}_1 - \overline{p}_2 - Z_{\alpha/2}\sigma_{\overline{p}_1 - \overline{p}_2}, \quad \overline{p}_1 - \overline{p}_2 + Z_{\alpha/2}\sigma_{\overline{p}_1 - \overline{p}_2})。$$

例題20

今隨機各抽取 100 名患者給予新藥物 A、B 的治療，發現其中服用藥物 A 者有 70 人治癒，而服用藥物 B 者有 40 人治癒。試求兩種藥物治癒率有差異的 90% 之信賴區間。

解

$n_1 = n_2 = 100$，樣本統計量 $\overline{p}_1 = 0.7$，$\overline{p}_2 = 0.4$，由於 $n_1 p_1 = 70 \geq 5$，$n_1(1 - p_1) = 30 \geq 5$ 及 $n_2 p_2 = 40 \geq 5$，$n_2(1 - p_2) = 60 \geq 5$，故此兩樣本比例差 $\overline{p}_1 - \overline{p}_2$ 的抽樣分配近似常態分配，標準差 $s_{\overline{p}_1 - \overline{p}_2} = \sqrt{\frac{0.7 \times 0.3}{100} + \frac{0.6 \times 0.4}{100}} \approx 0.067$。又查表得知，$Z_{0.05} = 1.645$，因此，兩母體比例差 $p_1 - p_2$ 的 90% 之信賴區間為

$$\overline{p}_1 - \overline{p}_2 \pm Z_{\alpha/2} \sigma_{\overline{p}_1 - \overline{p}_2} = (0.7 - 0.4) \pm 1.645 \times 0.067 = 0.3 \pm 0.1。$$

或寫成(0.2, 0.4)。故我們有 90% 的確定性認為兩種藥物的治癒率至少有 20% 的差異。

例題 21

今隨機抽取都市及鄉村各 300 名國中學童作調查，發現其中 B 型肝炎帶原者所佔的比例各為 6% 及 2%。試求兩地區國中學童 B 型肝炎帶原者比例差異的 95% 之信賴區間。

解

$n_1 = n_2 = 300$，樣本統計量 $\bar{p}_1 = 0.06$，$\bar{p}_2 = 0.02$，由於 $n_1 p_1 = 300 \times 0.06 = 18 \geq 5$，$n_1(1 - p_1) = 300 \times 0.94 = 282 \geq 5$ 及 $n_2 p_2 = 300 \times 0.02 = 6 \geq 5$，$n_2(1 - p_2) = 300 \times 0.98 = 294 \geq 5$，故此兩樣本比例差 $\bar{P}_1 - \bar{P}_2$ 的抽樣分配近似常態分配，標準差 $s_{\bar{P}_1 - \bar{P}_2} = \sqrt{\dfrac{0.06 \times 0.94}{300} + \dfrac{0.02 \times 0.98}{300}} \approx 0.016$。又查表得知，$Z_{0.025} = 1.96$，因此，兩母體比例差 $p_1 - p_2$ 的 90% 之信賴區間為

$$\bar{p}_1 - \bar{p}_2 \pm Z_{\alpha/2} \sigma_{\bar{P}_1 - \bar{P}_2} = (0.06 - 0.02) \pm 1.96 \times 0.016 = 0.04 \pm 0.03 \text{。}$$

或寫成 (0.01, 0.07)。故我們有 95% 的確定性認為都市及鄉村兩地區國中學童 B 型肝炎帶原者所佔的比例至少有 1% 的差異。

6-5　母體變異數 σ^2 的區間估計

假設自一平均數為 μ，變異數為 σ^2 的常態分配的母體中，隨機抽取 n 個樣本，得其樣本變異數為 s^2，則母體變異數 σ^2 的區間估計，可以 χ^2 分配來估計，且 $(n-1)s^2/\sigma^2$ 為一自由度 $n-1$ 的 χ^2 分配。

$$\chi^2 = \frac{(n-1)s^2}{\sigma^2} \sim \chi^2(n-1)$$

若信賴水準為 $100(1 - \alpha)\%$，則

$$P(\chi^2_{(\alpha_2, n-1)} < \frac{(n-1)s^2}{\sigma^2} < \chi^2_{(\alpha_1, n-1)}) = 1 - \alpha \text{，}$$

其中 $\alpha = \alpha_1 + \alpha_2$。

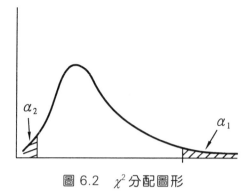

圖 6.2　χ^2 分配圖形

χ^2 分配是不對稱的分配，呈右偏分配，若信賴水準為 $1-\alpha$，為了達到最小的信賴區間，在機率分配的圖形中，左、右兩邊的面積是不相等的，但為了便於計算起見，通常採用 $\alpha_1 = \alpha_2 = \alpha/2$ 的計算方法，讓其左、右兩邊的面積相等。因此上式可改寫成

$$P(\chi^2_{(1-\alpha/2,\ n-1)} < \frac{(n-1)s^2}{\sigma^2} < \chi^2_{(\alpha/2,\ n-1)}) = 1-\alpha$$

 例題 22

今從一常態分配母體中，隨機抽取 25 個樣本，得其樣本變異數為 34.5，試求其母體變異數的 90% 的信賴區間。

解

查表可知 $\chi^2_{(0.95,24)} = 13.848$，$\chi^2_{(0.05,24)} = 36.415$

$$13.848 < \frac{(n-1)S^2}{\sigma_2} < 36.415$$

$$\frac{24 \times 34.5}{36.415} < \sigma^2 < \frac{24 \times 34.5}{13.848}$$

$$22.74 < \sigma^2 < 59.79$$

故母體變異數的 90% 的信賴區間為 (22.74，59.79)。

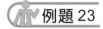 **例題 23**

隨機抽取 10 名學生的成績，得其樣本變異數為 14.55，若所有學生的成績近似於常態分配，試求其母體變異數的(1)90%　(2)95% 的信賴區間。

 解

查表可知

(1) $\chi^2_{(0.95,9)}$=3.325，$\chi^2_{(0.05,9)}$=16.919，因此

$$3.325 < \frac{(n-1)s^2}{\sigma^2} < 16.919$$

$$\frac{9 \times 14.55}{16.919} < \sigma^2 < \frac{9 \times 14.55}{3.325}$$

$$7.74 < \sigma^2 < 39.38$$

故母體變異數的 90%的信賴區間為(7.74, 39.38)。

(2) $\chi^2_{(0.975,9)}$=2.70，$\chi^2_{(0.025,9)}$=19.023，因此

$$2.70 < \frac{(n-1)s^2}{\sigma^2} < 19.023$$

$$\frac{9 \times 14.55}{19.023} < \sigma^2 < \frac{9 \times 14.55}{2.70}$$

$$6.88 < \sigma^2 < 48.5$$

故母體變異數的 95%的信賴區間為(6.88, 48.5)。

6-6　兩母體變異數比 σ_1^2 / σ_2^2 的區間估計

設有兩個常態母體，今從中分別抽取 n_1、n_2 個獨立的隨機樣本。

μ_1、σ_1^2 分別為第一個母體的平均數及變異數

μ_2、σ_2^2 分別為第二個母體的平均數及變異數

$\bar{x}_1$、s_1^2 分別為第一個母體的樣本平均數及變異數

$\bar{x}_2$、s_2^2 分別為第二個母體的樣本平均數及變異數

則母體變異數比 σ_1^2 / σ_2^2 的區間估計，可以 F 分配來估計

$$F = \frac{S_1^2 / \sigma_1^2}{S_2^2 / \sigma_2^2} \sim F_{(n_1-1, n_2-1)} \quad \circ$$

若信賴水準為 $100(1-\alpha)\%$，則

$$P(F_{(1-\alpha/2, n_1-1, n_2-1)} < \frac{S_1^2 / \sigma_1^2}{S_2^2 / \sigma_2^2} < F_{(\alpha/2, n_1-1, n_2-1)}) = 1-\alpha \quad \circ$$

 例題 24

某教師想知道男生或女生英文程度的分散情形，今隨機抽樣分別抽取 11 名男生和 8 名女生的英文成績。

男生:86, 82, 74, 85, 76, 79, 82, 83, 79, 82, 83

女生:85, 74, 63, 77, 72, 68, 81, 60

問男生和女生英文成績的變異數比 95%的信賴區間為何？

解

男生樣本的變異數為 13.4，女生樣本的變異數為 74.0，查表可知

$$F_{(0.975, 10, 7)} = \frac{1}{F_{(0.025, 7, 10)}} = \frac{1}{3.95} \quad , \quad F_{(0.025, 10, 7)} = 4.76 \quad , \text{因此}$$

$$\frac{1}{3.95} < \qquad \frac{s_1^2 / \sigma_1^2}{s_2^2 / \sigma_2^2} \qquad < 4.76$$

$$\frac{13.4}{74} \times \frac{1}{4.76} < \qquad \frac{\sigma_1^2}{\sigma_2^2} \qquad < \frac{13.4}{74} \times 3.95$$

$$0.038 < \qquad \frac{\sigma_1^2}{\sigma_2^2} \qquad < 0.715$$

故兩母體變異數比的 95%的信賴區間為$(0.038, 0.715)$。

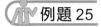例題 25

設有兩個常態分配母體，今從中分別抽取 16，13 個獨立樣本，得知 $s_1^2 = 8.9$，$s_2^2 = 5.3$，則兩母體變異數比 σ_1^2 / σ_2^2 的 95%的信賴區間為何？

解

查表可知 $F_{(0.975,15,12)} = \dfrac{1}{F_{(0.025,12,15)}} = \dfrac{1}{2.96}$，$F_{(0.025,15,12)} = 3.18$，因此，

$$\frac{1}{2.96} < \frac{s_1^2 / \sigma_1^2}{s_2^2 / \sigma_2^2} < 3.18$$

$$\frac{8.9}{5.3} \times \frac{1}{3.18} < \frac{\sigma_1^2}{\sigma_2^2} < \frac{8.9}{5.3} \times 2.96$$

$$0.53 < \frac{\sigma_1^2}{\sigma_2^2} < 4.97$$

故兩母體變異數比的 95%的信賴區間為(0.53, 4.97)。

例題 26

設有兩個常態分配母體，今從中分別抽取 16 及 21 個獨立樣本，得知樣本標準差分別為 5 及 6，試求兩母體標準差比(σ_1 / σ_2)的 95%的信賴區間。

解

查表可知 $F_{(0.975,15,20)} = \dfrac{1}{F_{(0.025,20,15)}} = \dfrac{1}{2.76}$，$F_{(0.025,15,20)} = 2.57$，

因此

$$\frac{1}{2.76} < \frac{s_1^2 / \sigma_1^2}{s_2^2 / \sigma_2^2} < 2.57$$

$$\frac{25}{36} \times \frac{1}{2.57} < \frac{\sigma_1^2}{\sigma_2^2} < \frac{25}{36} \times 2.76$$

$$0.27 < \frac{\sigma_1^2}{\sigma_2^2} < 1.92$$

$$0.52 < \frac{\sigma_1}{\sigma_2} < 1.38$$

故兩母體標準差比的 95%的信賴區間為(0.52, 1.38)。

 ## 6-7　EXCEL 與區間估計

本章介紹了很多信賴區間的公式，如果公式中的算術平均數及標準差已知，使用計算機及參照公式便可算出，而如果面對的是一些原始資料，則利用 EXCEL 的函數較為方便。

■ 6-7-1　平均數的區間估計

 例題 27

某餐廳經理隨機選取 7 天樣本，觀察顧客的人數如下：284, 321, 259, 313, 146, 271, 342，試求每天平均顧客數的 90%信賴區間？

解

步驟 1：　將資料輸入到 A1：A7

步驟 2：　選【資料／資料分析／敘述統計】

步驟 3：　在敘述統計視窗下，鍵入

　　　　　輸入範圍 A1：A7

　　　　　☑摘要統計

　　　　　☑平均數信賴度 90%，按【確定】

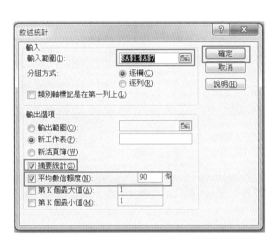 

	A	B
1		欄1
2		
3	平均數	276.5714
4	標準誤	24.41005
5	中間值	284
6	眾數	#N/A
7	標準差	64.58291
8	變異數	4170.952
9	峰度	3.04304
10	偏態	-1.57231
11	範圍	196
12	最小值	146
13	最大值	342
14	總和	1936
15	個數	7
16	信賴度(90.0%)	47.43312

信賴區間是（平均數—信賴度）至（平均數＋信賴度）

信賴區間是 276.5714–47.43312 至 276.5714+47.43312

信賴區間是 229.13828 至 324.00452

例題 28

某服裝設計師想瞭解 20 歲至 25 歲女性的平均身高，因此隨機調查了 40 位女性的身高如下：

164　159　168　159　160　156　167　153　160　168

158　170　165　168　167　161　160　162　166　161

166　162　159　166　163　158　162　165　169　171

161　165　169　155　163　171　158　159　162　155

模仿上例，適當的改變公式，即可求出平均身高的 95%信賴區間。

■ 6-7-2　平均數差的區間估計

 例題 29

為了進行一項養分供給的研究，選取了 25 頭乳牛，隨機選取 13 頭飼以枯萎牧草，另 12 頭飼以脫水牧草，經過 3 個星期的觀察，登記每天平均牛奶產量。求飼以不同牧草的牛每天平均牛奶產量差的 95%信賴區間。

飼料	牛奶產量（磅）												
枯萎牧草(x_i)	56	44	49	35	30	46	41	53	58	38	44	47	46
脫水牧草(y_i)	32	42	29	55	47	35	51	39	39	40	41	57	

解

由於兩組樣本數分別只有 13 及 12，所以採用小樣本的公式，自由度為 $n_1+n_2-2=(13+12-2)=23$。

$$s_p^2 = \frac{(n_1-1)s_1^2 + (n_2-1)s_2^2}{n_1+n_2-2}$$

每天平均產奶量之差的 95%信賴區間為：

$$(\overline{x}-\overline{y}) \pm t_{\alpha/2} \times s_p \sqrt{\frac{1}{n_1}+\frac{1}{n_2}}$$

公式中的 $\overline{x}$ 及 $\overline{y}$ 可用函數 AVERAGE（儲存格範圍）算出來，S_p 可用函數 SQRT（（(n_1-1)*VAR（第一組資料的儲存格範圍）+(n_2-1)*VAR（第二組資料的儲存格範圍））/(n_1+n_2-2））算出，函數 VAR( )可傳回樣本的變異數，如果您的觀測資料代表整個母體，則使用 VARP( )來計算變異數。$t_{\alpha/2}$ 則利用函數 TINV(α，自由度)計算，TINV( )可傳回雙尾 Student t 分配的機率之反函數值。

步驟 1： 將第一組資料輸入到 B1：N1，將第二組資料輸入到 B2：M2。

步驟 2： 在儲存格 C5 輸入
=SQRT((12*VAR(B1：N1)+11*VAR(B2：M2))/23)。
（先計算 S_p，以免公式太長）

步驟 3： 在儲存格 G7 輸入

$$=\text{AVERAGE(B1：N1)} - \text{AVERAGE(B2：M2)} -$$

$$\text{TINV(0.05,23)*C5*SQRT(1/13+1/12)}$$

步驟 4： 在儲存格 I7 輸入

$$=\text{AVERAGE(B1：N1)} - \text{AVERAGE(B2：M2)} +$$

$$\text{TINV(0.05,23)*C5*SQRT(1/13+1/12)}$$

	A	B	C	D	E	F	G	H	I	J	K	L	M	N
1	枯萎牧草(xᵢ)	56	44	49	35	30	46	41	53	58	38	44	47	46
2	脫水牧草(yᵢ)	32	42	29	55	47	35	51	39	39	40	41	57	
3		$\bar{x}-\bar{y}=$	45.15	−	42.25	=	2.90							
4			= AVERAGE(B1:N1)-AVERAGE(B2:M2)											
5		$S_P=$	8.36											
6			= SQRT((12*VAR(B1:N1)+11*VAR(B2:M2))/23)											
7	每天平均產奶量之差的95%信賴區間為						-4.02	到	9.83					
8		-4.02	=	AVERAGE(B1:N1)-AVERAGE(B2:M2)-TINV(0.05,23)*C5*SQRT(1/13+1/12)										
9		9.83	=	AVERAGE(B1:N1)-AVERAGE(B2:M2)+TINV(0.05,23)*C5*SQRT(1/13+1/12)										
10														

■ 6-7-3　變異數的區間估計

例題 30

某服裝設計師想瞭解 20 歲至 25 歲女性身高之差異程度，因此隨機調查了 40 位女性的身高如下：

$$\begin{array}{cccccccccc}
164 & 159 & 168 & 159 & 160 & 156 & 167 & 153 & 160 & 168 \\
158 & 170 & 165 & 168 & 167 & 161 & 160 & 162 & 166 & 161 \\
166 & 162 & 159 & 166 & 163 & 158 & 162 & 165 & 169 & 171 \\
161 & 165 & 169 & 155 & 163 & 171 & 158 & 159 & 162 & 155
\end{array}$$

試求出 σ^2 的 95%信賴區間。

解

σ^2 的 95%信賴區間公式為

$$\left((n-1)s^2 / \chi^2_{(0.025,n-1)} \text{ , } (n-1)s^2 / \chi^2_{(0.975,n-1)}\right)$$

公式中的 s^2 可用函數 VAR（資料的儲存格範圍）計算，函數 VAR( ) 可傳回樣本的變異數，$\chi^2_{(0.975,n-1)}$ 的定義為 $P(\chi^2 > \chi^2_{(0.975,n-1)}) = 0.975$，可利用函數 CHIINV(0.975,$n-1$) 計算，$\chi^2_{(0.025,n-1)}$ 則利用函數 CHIINV(0.025, $n-1$) 計算，CHIINV( ) 可傳回單尾卡方分配的反函數值。

EXCEL 公式：

（$(n-1)$*VAR(儲存格範圍)／CHIINV(0.025, $n-1$)，

$(n-1)$*VAR(儲存格範圍)／CHIINV(0.975, $n-1$)）

步驟 1： 將資料輸入到 A1：J4。

步驟 2： 在儲存格 E6 輸入：

　　　　39*VAR(A1：J4)/CHIINV(0.025,39)

步驟 3： 在儲存格 G6 輸入：

　　　　39*VAR(A1:J4)/CHIINV(0.975,39)

	A	B	C	D	E	F	G	H	I	J
1	164	159	168	159	160	156	167	153	160	168
2	158	170	165	168	167	161	160	162	166	161
3	166	162	159	166	163	158	162	165	169	171
4	161	165	169	155	163	171	158	159	162	155
5										
6		σ^2的95%信賴區間為			14.676	到	36.060			
7										
8		14.676=	39*VAR(A1:J4)/CHIINV(0.025,39)							
9										
10		36.060=	39*VAR(A1:J4)/CHIINV(0.975,39)							

■ 6-7-4　兩母體變異數比的區間估計

例題 31

某教師想知道男生或女生英文程度的差異情形，今隨機選取 11 名男生和 8 名女生的英文成績

男生：86, 82, 74, 85, 76, 79, 82, 83, 83, 79, 82

女生：85, 74, 63, 77, 72, 68, 81, 60

問男生和女生英文成績的變異數比的 95% 的信賴區間為何？

假設男生母體變異數為 σ_1^2，樣本變異數為 s_1^2，女生母體變異數為 σ_2^2，樣本變異數為 s_2^2，則男生和女生英文成績的變異數比 σ_1^2/σ_2^2 的 95% 的信賴區間公式為：

$$(s_1^2/(s_2^2 \times F_{(0.975,n_1-1,n_2-1)}) \ , \ s_1^2 \times F_{(0.975,n_2-1,n_1-1)}/s_2^2)$$

公式中的 s_1^2 及 s_2^2 可用函數 VAR（資料的儲存格範圍）計算，函數 VAR( ) 可傳回樣本的變異數，而 $F_{(0.975,n_1-1,n_2-1)}$ 的定義為 $P(F > F_{(0.975,n_1-1,n_2-1)})=0.025$，可用 FINV$(0.025,n_1-1,n_2-1)$ 計算。

EXCEL 公式：

(VAR(第一組資料範圍)/VAR(第二組資料範圍)*FINV(0.025,n_1-1,n_2-1)

VAR(第一組資料範圍)*FINV(0.025,n_2-1,n_1-1)/VAR(第二組資料範圍)

步驟 1：將第一組資料輸入到 B1：L1，將第二組資料輸入到 B2：I2。

步驟 2：在儲存格 I4 輸入

　　　　=VAR(B1：L1)/(VAR(B2：I2)*FINV(0.025,10,7))

步驟 3：在儲存格 K4 輸入

　　　　=(VAR(B1：L1)*FINV(0.025,7,10))/VAR(B2：I2)

	A	B	C	D	E	F	G	H	I	J	K	L
1	男生	86	82	74	85	76	79	82	83	83	79	82
2	女生	85	74	63	77	72	68	81	60			
3												
4	男生和女生的變異數比(σ_1/σ_2)^{2}的95%的信賴區間為								0.038	到	0.715	
5	13.40=	VAR(B1:L1)										
6	74.00=	VAR(B2:I2)			0.038=	VAR(B1:L1)/(VAR(B2:I2)*FINV(0.025,10,7))						
7	4.761=	FINV(0.025,10,7)										
8	3.950=	FINV(0.025,7,10)			0.715=	(VAR(B1:L1)*FINV(0.025,7,10))/VAR(B2:I2)						

習題

1. 已知疾病 A 病人之發病年齡為常態分配,標準差為 10 歲,今隨機抽取 25 名疾病 A 病人作調查,得其平均發病年齡為 45 歲。試求疾病 A 病人發病之平均年齡的 99% 之信賴區間。

2. 今隨機抽取某年級 100 名學童作身高調查,得其平均身高為 123.0 公分,標準差為 10 公分,試求該年級學童平均身高的 95% 之信賴區間。

3. 今隨機抽取某班級 9 名學童測量體重,得其平均體重為 35.4 公斤,標準差為 3.6 公斤,試求該班學童平均體重的 90% 之信賴區間。

4. 已知疾病 A 及疾病 B 病人之發病年齡均為常態分配,標準差各為 10 歲及 12 歲,今隨機各抽取 20 名疾病 A 及 36 名疾病 B 的患者病人作調查,得其平均發病年齡為 45 歲及 40 歲,試求兩母體平均數差的 99% 之信賴區間。

5. 今隨機各抽取 36 名疾病 A 及疾病 B 的患者,得知疾病 A 的平均住院日數為 50 日,標準差為 18 日,而疾病 B 的平均住院日數為 70 日,標準差為 24 日,試求兩母體平均數差的 95% 之信賴區間。

6. 試求下列各題資料之母體比例 p 的 90%、95%、99% 之信賴區間。
   (1) $n=200$,$x=25$
   (2) $n=1000$,$x=300$

7. 今隨機抽取 100 名病人給予新藥物的治療,發現其中有 80 人治癒。試求該新藥物治癒率的 95% 之信賴區間。

8. 今隨機各抽取 50 名患者給予新藥物 A、B 的治療,發現其中服用藥物 A 者有 15 人治癒,而服用藥物 B 者有 20 人治癒。試求兩種藥物治癒率有差異的 95% 之信賴區間。

9. 今隨機抽取都市及鄉村各 200 名國小學童作調查,發現其中患近視的比率各為 50% 及 10%。試求兩地區國小學童患近視比率有差異的 90% 之信賴區間。

10. 今從某地區隨機抽取成年男性 10 名,測其尿酸值,得其標準差為 1.2mm/dL,試求其母體變異數的 90% 之信賴區間。

11. 今從某地區隨機抽取肺結核患者 5 名,測其體溫,得其標準差為 1.2°C,試求其母體標準差的 95% 之信賴區間。

12. 今從某地區隨機抽取成年男性及女性各 10 名及 13 名,測其體重,得其樣本標準差分別為 5kg 及 3.6kg,試求兩母體變異數比的 95% 之信賴區間。

假設檢定

BI◍STATISTICS

7-1 假設檢定的意義

7-2 母體平均數 μ 的假設檢定

7-3 兩母體平均數差 $\mu_1 - \mu_2$ 的假設檢定

7-4 母體比例的假設檢定

7-5 兩母體比例差的假設檢定

7-6 母體變異數 σ^2 的假設檢定

7-7 兩母體變異數比 σ_1^2 / σ_2^2 的假設檢定

7-8 EXCEL 與假設檢定

在此章中，我們將討論推論統計的另一個主題－假設檢定。

例如，玩擲骰子比大小的遊戲，莊家宣稱其骰子是公正的，玩家在押了 10 次 "小" 之後，莊家卻開出了 10 次大，面對如此的結果，你會相信，這是一個 "公正" 的骰子嗎？因為得到此種結果的機率是很小的，只有 $(\frac{1}{2})^{10} = 0.00097$ 而已。

因此，我們針對某種情況，根據觀測所得的結果，判斷這假設是否合理的過程，就是統計上所謂的**假設檢定**(Hypothesis Test)。

7-1　假設檢定的意義

假設檢定：乃是對母數作推論假設，即先給母數一個觀測的值，再用隨機樣本計算所得的統計值，來判斷這假設是否合理。

統計假設：如果把科學假設，用數量或統計學用語等陳述句加以表達，並對未知母數的性質做有關的陳述，便是統計假設。統計假設分為虛無假設及對立假設，分別以 H_0 及 H_1 表之。

如檢察官想起訴某嫌犯甲，嫌犯甲宣稱自己是無辜的，這句話就是虛無假設，而檢察官認為 "他是有罪的"，這句話就是對立假設，因此，他會多方面地蒐集資料，來支援他的假設，以證明他的假設是正確的。

一般而言，在作假設檢定時，通常都採用統計學家 S.R.Fisher 的方法，總是先提出一個與對立假設意見完全相反的假設，故意否定它的真實性，例如：對立假設 H_1 說 $\mu_1 > \mu_2$ 時，就先提出一假設，故意說 $\mu_1 \le \mu_2$，這一個故意否定對立假設的統計假設，就稱為虛無假設，寫為 H_0：$\mu_1 \le \mu_2$，這一虛無假設，才是我們所要直接驗證的對象，實驗者必須實際去做實驗和蒐集資料，並拿出證據來推翻 H_0。

例題 1

某醫院護理部人員想知道今年的平均收入，是否較去年為高？則所作的統計假設分別為

虛無假設：今年的平均收入與去年相同。

對立假設：今年的平均收入較去年為高。

例題 2

某餐廳經理欲知顧客來店用餐的平均時間是否為 30 分鐘？則所作的統計假設分別為

虛無假設：用餐的平均時間為 30 分鐘。

對立假設：用餐的平均時間不為 30 分鐘。

今有一藥商向某醫師推薦藥物 A，宣稱 "該藥物較市面上同類藥物對糖尿病的治療更有療效"，因此，該醫師須決定是否使用藥物 A。此時，他所作的假設為：

H_0：藥物 A 的療效不比市面上同類藥物有效。

H_1：藥物 A 的療效比市面上同類藥物有效。

當他在作決定的時候，可能犯錯的情形有下列兩種：

第一類型錯誤(Type I Error)：當 H_0 為真時，拒絕 H_0，接受 H_1。

第二類型錯誤(Type II Error)：當 H_0 為假時，接受 H_0，拒絕 H_1。

在統計學上，犯第一類型錯誤的機率，以 α 表示，犯第二類型錯誤的機率，以 β 表示，其中 α 稱為**顯著水準**(Level of Significance)。

$$\alpha = P （拒絕 H_0|當 H_0 為真時）$$
$$\beta = P （接受 H_0|當 H_0 為假時）$$

一般都採用 $\alpha = 0.05$ 或 0.01 作為假設檢定的顯著水準，至於選用 0.05 或 0.01，則視犯第一類型錯誤的嚴重性而定，嚴重者選 0.01，反之，則選 0.05。以上例而言，若該醫師犯了第一類型錯誤，即藥物 A 的療效不比市面上同類藥物有效（H_0 為真），卻決定使用藥物 A（拒絕 H_0，接受 H_1），結果將造成金錢上無謂的浪費及病人的流失。若該醫師犯了第二類型錯誤，即藥物 A 比市面上同類藥物有效（H_0 為假），卻決定不用藥物 A（接受 H_0，拒絕 H_1），結果只是少了使用好藥物的機會，但對醫院運作卻無影響。因此，可知犯第一類型錯誤的嚴重性較高，此時，選用 $\alpha = 0.01$。

統計檢定(Power of Test)：是指正確拒絕 H_0 的機率，當我們拒絕 H_0，而實際上，H_0 也是錯誤的，則我們便是正確地拒絕了 H_0，正確拒絕 H_0 的機率，正好是 $1-\beta$，因此，統計考驗力的大小，通常以 $1-\beta$ 來表示。

表 7.1　α, β, $1-\alpha$, $1-\beta$ 的關係

（裁決）		H_0 是真	H_0 是假
	拒絕 H_0	第一類型錯誤(α)	裁決正確($1-\beta$)
	接受 H_0	裁決正確($1-\alpha$)	第二類型錯誤(β)

單尾檢定(One-Tailed Test)：考驗單一方向性的問題，如大於、快於、優於……等。此時，對立假設為 $H_1:\mu_1>\mu_2$ 或 $H_1:\mu_1<\mu_2$。

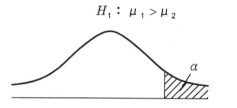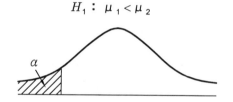

拒絕域位於圖形右側，其面積為 α　拒絕域位於圖形左側，其面積為 α

圖 7.1

上圖中，斜線區域為拒絕域(critical region)，此一區域之所以稱為拒絕域，是因為作假設檢定時，如果計算所得的檢定統計量落入這一區域，便要拒絕 H_0 之故。

雙尾檢定(Two-Tailed Test)：不考慮方向性，如不同，而不考慮是否較好或較壞。此時，對立假設為 $H_1:\mu_1\neq\mu_2$。

拒絕域位於圖形的兩側，其面積各為 $\alpha/2$

圖 7.2

故當顯著水準 α 相同時，採用雙尾檢定比採用單尾檢定更難達到顯著水準，也就是說較不易拒絕 H_0。

7-2 母體平均數 μ 的假設檢定

■ 7-2-1 母體變異數 σ^2 已知

由抽樣分配理論得知，當母體為一常態分配或近似常態分配時，其樣本平均數的分配亦為一常態分配。

$$\bar{X} \sim N(\mu, \frac{\sigma^2}{n})，n \text{ 為樣本個數。}$$

若顯著水準為 α，則其檢定的法則如下表 7.2 所示。

表 7.2 母體平均數 μ 的假設檢定（z 檢定）

假設	拒絕域（斜線部份）	決策原則
雙尾檢定 $H_0 : \mu = \mu_0$ $H_1 : \mu \neq \mu_0$	$\frac{\alpha}{2}$ $\frac{\alpha}{2}$ $-Z_{\alpha/2}$ $Z_{\alpha/2}$	若 $z > Z_{\alpha/2}$ 或 $z < -Z_{\alpha/2}$，則拒絕 H_0，否則接受 H_0。
右尾檢定 $H_0 : \mu \leq \mu_0$ $H_1 : \mu > \mu_0$	α Z_α	若 $z > Z_\alpha$，則拒絕 H_0，否則接受 H_0。
左尾檢定 $H_0 : \mu \geq \mu_0$ $H_1 : \mu < \mu_0$	α $-Z_\alpha$	若 $z < -Z_\alpha$，則拒絕 H_0，否則接受 H_0。
檢定統計量 $z = \dfrac{\bar{x} - \mu}{\dfrac{\sigma}{\sqrt{n}}}$		

> **例題 3**

某位教師想要知道她的 50 名學生的智力，是否與一般同年級學生的智力有所不同，利用標準化智力測驗的結果，得其平均數為 109，查該年級的常模，得知 $\mu=113$，$\sigma=15$，問該教師是否可以宣稱該班學生的智力與一般同年級學生的智力有所 "不同" ？ ($\alpha=0.10$)

解

(1) 虛無假設 $H_0 : \mu=113$

　　對立假設 $H_1 : \mu \neq 113$

(2) 雙尾檢定，$\alpha=0.10$，則 $\alpha/2=0.05$

　　臨界值：$Z_{0.05}=1.645$，$-Z_{0.05}=-1.645$

(3) 拒絕域：$z>1.645$ 或 $z<-1.645$

(4) 檢定統計量：$z=\dfrac{109-113}{\dfrac{15}{\sqrt{50}}}=-1.886$

(5) $\because -1.886<-1.645$

　　$\therefore$ 拒絕 H_0

該教師可以宣稱該班學生的智力與一般同年級學生的智力有所 "不同" ，惟犯第一類型錯誤的機率仍有 0.10 存在。

> **例題 4**

如上題，若 $\alpha=0.05$，則該教師是否可以宣稱該班學生的智力與一般同年級學生的智力有所 "不同" ？

解

(1) 虛無假設 $H_0 : \mu=113$

　　對立假設 $H_1 : \mu \neq 113$

(2) 雙尾檢定，$\alpha=0.05$，則 $\alpha/2=0.025$

　　臨界值：$Z_{0.025}=1.96$，$-Z_{0.025}=-1.96$

(3) 拒絕域：$z>1.96$ 或 $z<-1.96$

(4) 檢定統計量：$z = \dfrac{109-113}{\dfrac{15}{\sqrt{50}}} = -1.886$

(5) $\because -1.886 > -1.96$

　　$\therefore$ 不能拒絕 H_0

該教師可以宣稱該班學生的智力與一般同年級學生的智力沒有
"不同"，但仍有犯第二類型錯誤的可能。

 **例題5**

一位環境研究論者，主張優裕環境可以提高兒童的智慧，乃自環
境優裕的家庭中，隨機抽取 100 名兒童，進行智力測驗，他利用
比西智慧量表，測得樣本平均數為 103，試以 $\alpha = 0.05$ 之顯著水準
檢定，該研究者是否可以宣稱環境優裕的兒童的平均智商 "高
於" 100？（比西智慧量表 $\mu = 100$，$\sigma = 16$）

解

(1) 虛無假設 $H_0 : \mu \leq 100$

　　對立假設 $H_1 : \mu > 100$

(2) 右尾檢定，$\alpha = 0.05$，臨界值：$Z_{0.05} = 1.645$

(3) 拒絕域：$z > 1.645$

(4) 檢定統計量：$z = \dfrac{103-100}{\dfrac{16}{\sqrt{100}}} = 1.875$

(5) $\because 1.875 > 1.645$

　　$\therefore$ 拒絕 H_0

　　該環境研究論者，所謂環境優裕兒童的平均智商高於一般兒
童的說法得到支持，惟犯第一類型錯誤的機率仍有 0.05 存在，不
能十分確信上述的決定，且不能使用該環境論者的說法得到 "證
實" 的字眼。

■ 7-2-2　母體變異數 σ^2 未知

（一）小樣本時($n \le 30$)

由抽樣分配理論得知，當母體為一常態分配，若樣本數 n 不夠大時，檢定統計量的分配為自由度 $n-1$ 的 t 分配。

若顯著水準為 α ，則其檢定的法則如下表 7.3 所示。

表 7.3　母體平均數 μ 的假設檢定（ t 檢定）

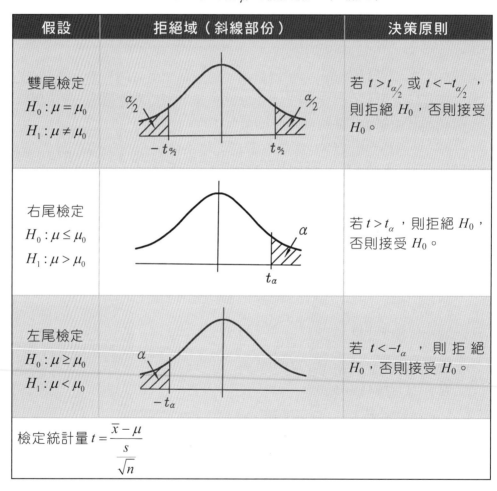

假設	拒絕域（斜線部份）	決策原則
雙尾檢定 $H_0 : \mu = \mu_0$ $H_1 : \mu \ne \mu_0$		若 $t > t_{\alpha/2}$ 或 $t < -t_{\alpha/2}$ ，則拒絕 H_0 ，否則接受 H_0 。
右尾檢定 $H_0 : \mu \le \mu_0$ $H_1 : \mu > \mu_0$		若 $t > t_{\alpha}$ ，則拒絕 H_0 ，否則接受 H_0 。
左尾檢定 $H_0 : \mu \ge \mu_0$ $H_1 : \mu < \mu_0$		若 $t < -t_{\alpha}$ ，則拒絕 H_0 ，否則接受 H_0 。
檢定統計量 $t = \dfrac{\bar{x} - \mu}{\dfrac{s}{\sqrt{n}}}$		

例題6

某校營養師想知道該校舉辦營養午餐的效果是否有別於他校，今該營養師從參加營養午餐的學童中，隨機抽取某年級 10 名學童計算每個人一年之間體重增加的情形，依次為 4.7, 3.4, 5.1, 3.9, 3.0, 4.5, 4.3, 4.6, 3.5, 4.8，試問該營養師如何解釋此一結果。（現有一研究報告指出，他校參加營養午餐的該年級學童的體重一年之間平均增加 3.74 公斤）

解

由題意知，樣本平均數為(4.7+3.4+…+3.5+4.8)/10=4.18，樣本標準差為 0.694。

(1) 虛無假設 $H_0 : \mu = 3.74$

　　對立假設 $H_1 : \mu \neq 3.74$

(2) 雙尾檢定，臨界值：

　　① 若 $\alpha = 0.05 \Rightarrow t_{(0.025, 9)} = 2.2622$

　　② 若 $\alpha = 0.10 \Rightarrow t_{(0.05, 9)} = 1.8331$

(3) 拒絕域：

　　① $t > 2.2622$ 或 $t < -2.2622$

　　② $t > 1.8331$ 或 $t < -1.8331$

(4) 檢定統計量：$t = \dfrac{4.18 - 3.74}{\dfrac{0.694}{\sqrt{10}}} = 2.005$

(5) ① $\because 2.005 < 2.2622$

　　　$\therefore$ 不能拒絕 H_0

　　② $\because 2.005 > 1.8331$

　　　$\therefore$ 拒絕 H_0

即，在顯著水準 $\alpha = 0.05$ 的情況下，效果相同，沒有顯著的差異存在。

而在顯著水準 $\alpha = 0.10$ 的情況下，效果不相同，有顯著的差異存在。

例題 7

某研究員為了瞭解癌症病人的收縮壓,是否比正常人為高,今隨機抽取 5 名癌症病人測得其血壓收縮壓如下:133, 138, 143, 134, 147 試問癌症病人的收縮壓,是否比正常人為高?(若正常人的收縮壓為 125,$\alpha=0.01$)

解

由題意知,樣本平均數為(133+138+143+134+147)/5=139

樣本標準差為 5.96

(1) 虛無假設 H_0:$\mu \leq 125$

　　對立假設 H_1:$\mu > 125$

(2) 右尾檢定,$\alpha=0.01$,臨界值:$t_{(0.01, 4)}=3.747$

(3) 拒絕域:$t > 3.747$

(4) 檢定統計量:$t = \dfrac{139 - 125}{\dfrac{5.96}{\sqrt{5}}} = 5.25$

(5) $\because 5.25 > 3.747$

　　$\therefore$ 拒絕 H_0

即該研究員的調查結果得到支持,惟犯第一類型錯誤的機率仍有 0.01 存在。

例題 8

某醫院過去數年之月收入為 600 萬元,而今年 1 月至 12 月之收入分別為 520, 550, 620, 580, 575, 597, 627, 615, 540, 570, 590 及 600 萬元。試以 $\alpha=0.05$ 之顯著水準來檢定此醫院今年之營收是否較往年為低?

解

由題意知,樣本平均數為(520+550+⋯+600)/12=582,樣本標準差為 33.03。

(1) 虛無假設 H_0:$\mu \geq 600$

　　對立假設 H_1:$\mu < 600$

(2) 左尾檢定，α =0.05，臨界值：$t_{(0.05,11)}$=1.7959

(3) 拒絕域：$t <-1.7959$

(4) 檢定統計量：$t = \dfrac{582-600}{\dfrac{33.03}{\sqrt{12}}} = -1.887$

(5) ∵ $-1.887<-1.7959$

　　∴拒絕 H_0

即該醫院今年之營收較往年為低。

（二）大樣本($n>30$)

由中央極限定理知，當樣本數夠大時，其樣本平均數的分配近似一常態分配，故以常態分配視之。

若顯著水準為 α ，則其檢定的法則如表 7.2 所示，但檢定統計量為

$$z = \dfrac{\bar{x}-\mu}{\dfrac{s}{\sqrt{n}}}$$

 例題 9

設自一常態母體中隨機抽取 100 個樣本，得其樣本平均數為 42，樣本變異數為 90，試檢定當顯著水準 α =0.05 時，虛無假設 μ =40 與對立假設 $\mu \neq 40$ 之差異是否達到顯著性。

由題意知，此抽樣分配為一平均數 40，變異數 90/100=0.9 的常態分配。

(1) 虛無假設 H_0： μ =40

　　對立假設 H_1： $\mu \neq 40$

(2) 雙尾檢定， α =0.05，則 $\alpha /2$=0.025

　　臨界值：$Z_{0.025}$=1.96，$-Z_{0.025}$=-1.96

(3) 拒絕域：$z >1.96$ 或 $z<-1.96$

(4) 檢定統計量：$z = \dfrac{42-40}{\sqrt{0.9}} = 2.11$

(5) $\because 2.11 > 1.96$

$\therefore$ 拒絕 H_0

即該調查結果有顯著的差異存在，惟犯第一類型錯誤的機率仍有 0.05 存在。

例題 10

設自一常態母體中隨機抽取 100 個樣本，得其樣本平均數為 35，樣本變異數為 80，試檢定當顯著水準 $\alpha = 0.05$ 時，虛無假設 $\mu \leq 34$ 與對立假設 $\mu > 34$ 之顯著性。

解

由題意知，此抽樣分配為一平均數 34，變異數 80/100=0.8 的常態分配。

(1) 虛無假設 H_0：$\mu \leq 34$

對立假設 H_1：$\mu > 34$

(2) 右尾檢定，$\alpha = 0.05$，臨界值：$Z_{0.05} = 1.645$

(3) 拒絕域：$z > 1.645$

(4) 檢定統計量：$z = \dfrac{35-34}{\sqrt{0.8}} = 1.12$

(5) $\because 1.12 < 1.645$

$\therefore$ 不能拒絕 H_0

即該調查結果沒有顯著的差異存在。

7-3 兩母體平均數差 $\mu_1 - \mu_2$ 的假設檢定

■ 7-3-1 母體變異數 σ_1^2、σ_2^2 已知

若 $X_1 \sim N(\mu_1, \sigma_1^2)$，$X_2 \sim N(\mu_2, \sigma_2^2)$

則 $\overline{X}_1 \sim N(\mu_1, \sigma_1^2/n_1)$，$\overline{X}_2 \sim N(\mu_2, \sigma_2^2/n_2)$，且

$$\overline{X}_1 - \overline{X}_2 \sim N(\mu_1 - \mu_2, \frac{\sigma_1^2}{n_1} + \frac{\sigma_2^2}{n_2})$$

其中 n_1、n_2 表自母體 X_1 及 X_2 中所抽出的樣本個數。檢定統計量為

$$z = \frac{(\overline{x}_1 - \overline{x}_2) - (\mu_1 - \mu_2)}{\sqrt{\dfrac{\sigma_1^2}{n_1} + \dfrac{\sigma_2^2}{n_2}}}$$

若顯著水準為 α，則其檢定的法則如表 7.4 所示。

表 7.4 兩母體平均數差的假設檢定（z 檢定）

假設	拒絕域（斜線部份）	決策原則
雙尾檢定 $H_0 : \mu_1 = \mu_2$ $H_1 : \mu_1 \neq \mu_2$		若 $z > Z_{\frac{\alpha}{2}}$ 或 $z < -Z_{\frac{\alpha}{2}}$，則拒絕 H_0，否則接受 H_0。
右尾檢定 $H_0 : \mu_1 \leq \mu_2$ $H_1 : \mu_1 > \mu_2$		若 $z > Z_{\alpha}$，則拒絕 H_0，否則接受 H_0。
左尾檢定 $H_0 : \mu_1 \geq \mu_2$ $H_1 : \mu_1 < \mu_2$		若 $z < -Z_{\alpha}$，則拒絕 H_0，否則接受 H_0。

例題 11

某教師使用普通分類測驗,抽測 45 名男生和 40 名女生,得其平均數分別為 89.6 及 85.25,而由該測驗的常模得知男生的標準差為 20.43,女生的標準差為 19.54,試問男女生在該測驗中的平均數差是否達到 0.05 之顯著水準。

解

(1) 虛無假設 H_0: $\mu_1 = \mu_2$
   對立假設 H_1: $\mu_1 \neq \mu_2$

(2) 雙尾檢定,$\alpha = 0.05$,則 $\alpha/2 = 0.025$
   臨界值:$Z_{0.025} = 1.96$, $-Z_{0.025} = -1.96$

(3) 拒絕域:$z > 1.96$ 或 $z < -1.96$

(4) 檢定統計量:$z = \dfrac{(89.6 - 85.25) - 0}{\sqrt{\dfrac{20.43^2}{45} + \dfrac{19.54^2}{40}}} = 1.003$

(5) $\because 1.003 < 1.645$
   $\therefore$ 不能拒絕 H_0

即該測驗結果沒有顯著的差異存在。該教師可以說男生和女生測驗的平均分數沒有差異,但仍有犯第二類型錯誤的可能。

■ 7-3-2 母體變異數 σ_1^2、σ_2^2 未知

(一) 小樣本(n_1、$n_2 \leq 30$)

1. $\sigma_1^2 = \sigma_2^2$
   若 $X_1 \sim N(\mu_1, \sigma_1^2)$,$X_2 \sim N(\mu_2, \sigma_2^2)$,則檢定統計量

$$t = \frac{(\bar{X}_1 - \bar{X}_2) - (\mu_1 - \mu_2)}{s_p \sqrt{\dfrac{1}{n_1} + \dfrac{1}{n_2}}}$$

為一自由度 $v=n_1+n_2-2$ 之 t 分配，其中 n_1、n_2 表自母體 X_1、X_2 所抽出的樣本個數，且

$$s_p^2 = \frac{(n_1-1)s_1^2 + (n_2-1)s_2^2}{n_1+n_2-2} \ 。$$

若顯著水準為 α，則其檢定的法則如表 7.5 所示：

表 7.5　兩母體平均數差的假設檢定（t 檢定）

假設	拒絕域（斜線部份）	決策原則
雙尾檢定 $H_0：\mu_1=\mu_2$ $H_1：\mu_1 \neq \mu_2$		若 $t > t_{\alpha/2}$ 或 $t < -t_{\alpha/2}$，則拒絕 H_0，否則接受 H_0。
右尾檢定 $H_0：\mu_1 \leq \mu_2$ $H_1：\mu_1 > \mu_2$		若 $t > t_\alpha$，則拒絕 H_0，否則接受 H_0。
左尾檢定 $H_0：\mu_1 \geq \mu_2$ $H_1：\mu_1 < \mu_2$		若 $t < -t_\alpha$，則拒絕 H_0，否則接受 H_0。

例題 12

某藥商宣稱，對疾病 A 而言，藥物 A 較藥物 B 具有療效，今隨機選取 24 名疾病 A 患者，將之均分為兩組，分別給予藥物 A 及 B 服用，其治癒日數分別如下：

A 組： 22 29 27 28 25 29 30 26 24 31 28 25

B 組： 29 30 31 32 28 33 32 36 28 33 28 32

試問該藥商的宣稱是否正確？（$\alpha = 0.01$）

解

由題意知，此為一左尾的假設檢定。

(1) 虛無假設 H_0： $\mu_1 \geq \mu_2$

　　對立假設 H_1： $\mu_1 < \mu_2$

(2) 左尾檢定，$\alpha = 0.01$，

　　臨界值：$t_{(0.01, 22)} = 2.508$

(3) 拒絕域：$t < -2.508$

(4) 檢定統計量：$\bar{x}_1 = 27$，$\bar{x}_2 = 31$，$s_1^2 = 7.09$，$s_2^2 = 6.18$

$$s_p^2 = \frac{(n_1 - 1)s_1^2 + (n_2 - 1)s_2^2}{n_1 + n_2 - 2}$$

$$= \frac{(12-1) \cdot 7.09 + (12-1) \cdot 6.18}{22} = 6.636$$

$$t = \frac{(\bar{x}_1 - \bar{x}_2) - (\mu_1 - \mu_2)}{s_p \sqrt{1/n_1 + 1/n_2}}$$

$$= \frac{27 - 31}{\sqrt{6.636(1/12 + 1/12)}} = -3.803$$

(5) $\because -3.803 < -2.508$

　　$\therefore$ 拒絕 H_0

即藥物 A 比藥物 B 較具有療效。

2. $\sigma_1^2 \neq \sigma_2^2$

若 $X_1 \sim N(\mu_1, \sigma_1^2)$，$X_2 \sim N(\mu_2, \sigma_2^2)$，則檢定統計量

$$t = \frac{(\bar{X}_1 - \bar{X}_2) - (\mu_1 - \mu_2)}{\sqrt{\dfrac{s_1^2}{n_1} + \dfrac{s_2^2}{n_2}}}$$

為一自由度 v 之 t 分配，其中

$$v = \frac{(s_1^2 / n_1 + s_2^2 / n_2)^2}{\dfrac{(s_1^2 / n_1)^2}{n_1 - 1} + \dfrac{(s_2^2 / n_2)^2}{n_2 - 1}}$$

且 n_1、n_2 表自母體 X_1、X_2 中所抽出的樣本個數。若顯著水準為 α，則其檢定的法則如表 7.5 所示。

 例題 13

某藥商欲瞭解藥物 A 對疾病 A 及疾病 B 的療效是否有所不同，今隨機分別選取疾病 A 及疾病 B 患者各 11 及 8 名，給予藥物 A 服用，其治癒所需時間（單位：日）如下：

疾病 A：   36   32   24   35   26   28   32   33   34   29   32

疾病 B：   35   24   13   27   22   18   31   30

試問該藥物 A 對疾病 A 及疾病 B 的療效是否有差異？（$\alpha = 0.05$）

解

此為一雙尾的假設檢定，且其自由度為

$$v = \frac{(s_1^2 / n_1 + s_2^2 / n_2)^2}{\dfrac{(s_1^2 / n_1)^2}{n_1 - 1} + \dfrac{(s_2^2 / n_2)^2}{n_2 - 1}} \text{，其中 } s_1^2 = 14.4 \quad s_2^2 = 52.57$$

$$= \frac{(14.4/11 + 52.57/8)^2}{\dfrac{(14.4/11)^2}{11 - 1} + \dfrac{(52.57/8)^2}{8 - 1}} = 9.79 \approx 10$$

(1) 虛無假設 H_0：$\mu_1 = \mu_2$

      對立假設 H_1：$\mu_1 \neq \mu_2$

(2) 雙尾檢定，$\alpha=0.05$，則 $\alpha/2=0.025$，

臨界值：$t_{(0.025,\ 10)}=2.2281$，$-t_{(0.025,\ 10)}=-2.2281$

(3) 拒絕域：$t>2.228$ 或 $t<-2.228$

(4) 檢定統計量：$\bar{x}_1=31$，$\bar{x}_2=25$

$$t=\frac{31-25}{\sqrt{\dfrac{14.4}{11}+\dfrac{52.57}{8}}}=2.14$$

(5) $\because 2.14<2.2281$

$\therefore$ 不能拒絕 H_0

即藥物 A 對疾病 A 及疾病 B 的療效沒有達到顯著性的差異。

（二）大樣本 $(n_1, n_2>30)$

無論兩母體的變異數是否相等，皆以常態分配視之。

$$\bar{X}_1-\bar{X}_2 \sim N(\mu_1-\mu_2, \sqrt{\frac{s_1^2}{n_1}+\frac{s_2^2}{n_2}})$$

若顯著水準為 α，則其檢定的法則如表 7.4 所示。

例題 14

測量某國小六年 320 名男生及 300 名女生的身高，得其平均數分別為 140.25 及 144.05，標準差分別為 19.25 及 20.33，假定身高為顯示兒童是否進入青春期的指標，請問是否可以說女生比男生早進入青春期？($\alpha=0.05$)

解

此為一右尾的假設檢定。

(1) 虛無假設 H_0：$\mu_1 \le \mu_2$

對立假設 H_1：$\mu_1 < \mu_2$

(2) 右尾檢定：$\alpha=0.05$，

臨界值：$t_{(0.05,\ \infty)} \approx Z_{0.05}=1.645$

(3) 拒絕域：$z>1.645$

(4) 檢定統計量：$z = \dfrac{(\overline{x}_1 - \overline{x}_2) - (\mu_1 - \mu_2)}{\sqrt{(s_1^2 / n_1) + (s_2^2 / n_2)}}$

$$= \frac{144.05 - 140.25}{\sqrt{(20.33^2 / 300) + (19.25^2 / 320)}} = 2.386$$

(5) $\because 2.386 > 1.645$

$\quad \therefore$ 拒絕 H_0

即就身高發展而言，國小六年級女生比男生早進入青春期。

7-4　母體比例的假設檢定

　　有時想知道樣本比例與母體比例是否有差異？則須做統計上的假設檢定。如我們想知道某一地區隨機抽取的患者中使用新療法的治癒率，與該地區所有使用新療法的患者治癒率是否有所差異？或是某一地區隨機抽取的人中 B 型肝炎帶原者的比率，與該地區所有 B 型肝炎帶原者的比率是否有所不同？

　　在第五章第三節中，我們曾提及樣本比例差($\overline{P}$)的分配為一常態分配，其平均數與母體比例 p 相同，也就是說 $\mu_{\overline{p}} = p$，標準差 $\sigma_{\overline{p}} = \sqrt{\dfrac{p(1-p)}{n}}$。且當 $np \geq 5$ 及 $n(1-p) \geq 5$ 時，$\overline{P}$ 的分配近乎常態分配。若 p 值已知，則檢定統計量

$$z = \frac{\overline{P} - p}{\sqrt{\dfrac{p(1-p)}{n}}}$$

為一標準常態分配。若顯著水準為 α，則其檢定的法則如表 7.6 所示。

表 7.6　母體比例的假設檢定（z 檢定）

假設	拒絕域（斜線部份）	決策原則
雙尾檢定 $H_0 : p=p_0$ $H_1 : p \neq p_0$	$\frac{\alpha}{2}$ ... $\frac{\alpha}{2}$ $-Z_{\frac{\alpha}{2}}$　$Z_{\frac{\alpha}{2}}$	若 $z > Z_{\frac{\alpha}{2}}$ 或 $z < -Z_{\frac{\alpha}{2}}$，則拒絕 H_0，否則接受 H_0。
右尾檢定 $H_0 : p \leq p_0$ $H_1 : p > p_0$	α Z_α	若 $z > Z_\alpha$，則拒絕 H_0，否則接受 H_0。
左尾檢定 $H_0 : p \geq p_0$ $H_1 : p < p_0$	α $-Z_\alpha$	若 $z < -Z_\alpha$，則拒絕 H_0，否則接受 H_0。

例題 15

一般患肺癌的病人在 3 年內死亡的機率超過 90%，今有一新療法試驗 150 位肺癌的病人，3 年內有 120 位病人死亡，試問此新療法是否較佳？（$\alpha = 0.05$）

解

由題意知，$\bar{p} = 120/150 = 0.8$。

(1) 虛無假設 $H_0 : p=0.9$
　　對立假設 $H_1 : p < 0.9$

(2) 左尾檢定：$\alpha = 0.05$，臨界值：$Z_{0.05} = 1.645$。

(3) 拒絕域：$z < -1.645$。

(4) 檢定統計量：$z = \dfrac{0.8 - 0.9}{\sqrt{\dfrac{0.9 \times 0.1}{150}}} \approx -4.08$

(5) 因為 $-4.08 < -1.645$，有落在拒絕域中，所以拒絕虛無假設 H_0。

因此，我們可以說新療法較佳，惟仍第一類型錯誤的機率仍然有 5% 存在。

例題 16

一般認為因機車肇事死亡者與性別無關。今調查某時期因機車肇事死亡者 120 人中，有 69 人是男性，試問因機車肇事死亡者是否與性別有關？($\alpha=0.05$)

解

由題意知，$\bar{p}=69/120=0.575$，$p=0.5$。

(1) 虛無假設 H_0：$p=0.5$
    對立假設 H_1：$p \neq 0.5$。

(2) 雙尾檢定：$\alpha=0.05$，臨界值：$Z_{0.025}=1.96$

(3) 拒絕域：$z<-1.96$ 或 $z>1.96$。

(4) 檢定統計量：$z=\dfrac{0.575-0.5}{\sqrt{\dfrac{0.5\times0.5}{120}}}\approx 1.643$

(5) 因為 1.643<1.96，沒有落在拒絕域中，所以不能拒絕無假設 H_0。
因此，我們可以說，因機車肇事死亡者與性別無關，惟仍有可能犯第二類型錯誤。

7-5　兩母體比例差的假設檢定

有時想知道兩母體比例是否有顯著性差異？則須做統計上的假設檢定。如我們想要知道兩種新藥物的治癒率是否有差異？或是都市及鄉村中 B 型肝炎帶原者的比率何者較高？

在第五章第四節中，我們曾提及樣本比例差($\bar{P_1}-\bar{P_2}$)的分配為一常態分配，$\mu_{\bar{P_1}-\bar{P_2}}=p_1-p_2$，標準差 $\sigma_{\bar{P_1}-\bar{P_2}}=\sqrt{\dfrac{p_1(1-p_1)}{n_1}+\dfrac{p_2(1-p_2)}{n_2}}$。且當 $n_1 p_1 \geq 5$，$n_1(1-p_1)\geq 5$ 及 $n_2 p_2 \geq 5$，$n_2(1-p_2)\geq 5$ 時，$\bar{P_1}-\bar{P_2}$的分配近乎常態分配。若 p_1 及 p_2 值已知，則檢定統計量

$$z=\frac{(\bar{P_1}-\bar{P_2})-(p_1-p_2)}{\sqrt{\dfrac{p_1(1-p_1)}{n_1}+\dfrac{p_2(1-p_2)}{n_2}}}$$

為一標準常態分配。若 p_1 及 p_2 值未知,則 "聯合" (pooled)兩樣本的資料,以

$$\overline{p} = \frac{x_1 + x_2}{n_1 + n_2}$$

作為共同比例 p 的最佳估計值,檢定統計量為

$$z = \frac{(\overline{p}_1 - \overline{p}_2) - (p_1 - p_2)}{\sqrt{\overline{p}(1-\overline{p})(\frac{1}{n_1} + \frac{1}{n_2})}} \ 。$$

若顯著水準為 α,則其檢定的法則如表 7.7 所示。

表 7.7　兩母體比例差的假設檢定（z 檢定）

假設	拒絕域（斜線部份）	決策原則
雙尾檢定 $H_0 : p_1=p_2$ $H_1 : p_1 \neq p_2$	$\frac{\alpha}{2}$　　　$\frac{\alpha}{2}$ $-Z_{\alpha/2}$　$Z_{\alpha/2}$	若 $z > Z_{\alpha/2}$ 或 $z < -Z_{\alpha/2}$,則拒絕 H_0,否則接受 H_0。
右尾檢定 $H_0 : p_1 \leq p_2$ $H_1 : p_1 > p_2$	α Z_α	若 $z > Z_\alpha$,則拒絕 H_0,否則接受 H_0。
左尾檢定 $H_0 : p_1 \geq p_2$ $H_1 : p_1 < p_2$	α $-Z_\alpha$	若 $z < -Z_\alpha$,則拒絕 H_0,否則接受 H_0。

例題 17

今隨機各抽取 50 名患者給予新藥物 A、B 的治療,發現其中服用藥物 A 者有 15 人治癒,而服用藥物 B 者有 20 人治癒。試問兩種藥物治癒率是否有差異?($\alpha = 0.05$)

解

由題意知，$\bar{p}_1 = 15/50 = 0.3$，$\bar{p}_2 = 20/50 = 0.4$，

$\bar{p} = (15 + 20)/(50 + 50) = 0.35$。

(1) 虛無假設 H_0：$p_1 = p_2$

　　對立假設 H_1：$p_1 \neq p_2$

(2) 雙尾檢定，$\alpha = 0.05$，臨界值：$Z_{0.025} = 1.96$

(3) 拒絕域：$z < -1.96$ 或 $z > 1.96$

(4) 檢定統計量：$z = \dfrac{(0.3 - 0.4) - 0}{\sqrt{0.35 \times 0.65 \times (\frac{1}{50} + \frac{1}{50})}} \approx -1.048$

(5) 因為 $-1.048 > -1.96$，沒有落在拒絕域中，所以不能拒絕虛無假設 H_0。

因此，我們可以說兩種藥物治癒率沒有顯著性的差異存在，惟仍有犯第二類型錯誤的可能。

例題 18

今隨機抽取都市及鄉村各 300 名國中學童作調查，發現其中 B 型肝炎帶原者的比率各為 6%及 2%。試檢定都市學童 B 型肝炎帶原者的比率是否高於鄉村學童 B 型肝炎帶原者的比率。（$\alpha = 0.05$）

解

由題意知，$\bar{p}_1 = 0.06$，$\bar{p}_2 = 0.02$，

$\bar{p} = (18 + 6)/(300 + 300) = 0.04$。

(1) 虛無假設 H_0：$p_1 \leq p_2$

　　對立假設 H_1：$p_1 > p_2$

(2) 右尾假定，$\alpha = 0.05$，臨界值：$Z_{0.05} = 1.645$

(3) 拒絕域：$z > 1.645$

(4) 檢定統計量：$z = \dfrac{(0.06 - 0.02) - 0}{\sqrt{0.04 \times 0.96 \times (\frac{1}{300} + \frac{1}{300})}} = 2.5$

(5) 因為 $2.5 > 1.645$，有落在拒絕域中，所以拒絕虛無假設 H_0。

因此，我們可以說都市學童 B 型肝炎帶原者的比率高於鄉村學童 B 型肝炎帶原者的比率，惟仍有可能犯第一類型錯誤，其機率為 5%。

7-6　母體變異數 σ^2 的假設檢定

由於 $(n-1)s^2/\sigma^2$ 為一自由度 $n-1$ 的 χ^2 分配，n 為樣本個數，所以在檢定母體變異數之顯著性時，則須利用到 χ^2 分配。檢定統計量為

$$\chi^2 = \frac{(n-1)s^2}{\sigma^2}$$

若顯著水準為 α，則其檢定的法則如表 7.8 所示。

表 7.8　母體變異數的假設檢定（χ^2 檢定）

假設	拒絕域（斜線部份）	決策原則
雙尾檢定 $H_0 : \sigma^2 = \sigma_0^2$ $H_1 : \sigma^2 \neq \sigma_0^2$	（圖）$\frac{\alpha}{2}$　　$\frac{\alpha}{2}$　$\chi_{1-\frac{\alpha}{2}}^2$　$\chi_{\frac{\alpha}{2}}^2$	若 $\chi^2 > \chi_{\frac{\alpha}{2}}^2$ 或 $\chi^2 < \chi_{1-\frac{\alpha}{2}}^2$，則拒絕 H_0，否則接受 H_0。
右尾檢定 $H_0 : \sigma^2 \leq \sigma_0^2$ $H_1 : \sigma^2 > \sigma_0^2$	（圖）α　χ_α^2	若 $\chi^2 > \chi_\alpha^2$，則拒絕 H_0，否則接受 H_0。
左尾檢定 $H_0 : \sigma^2 \geq \sigma_0^2$ $H_1 : \sigma^2 < \sigma_0^2$	（圖）α　$\chi_{1-\alpha}^2$	若 $\chi^2 < \chi_{1-\alpha}^2$，則拒絕 H_0，否則接受 H_0。

例題 19

若採用隨機抽樣隨機抽取 8 個樣本,得其樣本變異數為 10,試比較此變異數與母體的變異數是否有顯著的不同?(假設母體變異數為 4,α =0.05)

解

(1) 虛無假設 H_0:σ^2=4
   對立假設 H_1:$\sigma^2 \neq 4$
(2) 雙尾檢定,α =0.05,則 α /2=0.025
   臨界值:$\chi^2_{(0.025,7)}$=16.013,$\chi^2_{(0.975,7)}$=1.69
(3) 拒絕域:χ^2>16.013 或 χ^2 <1.69
(4) 檢定統計量:$\chi^2 = \dfrac{7 \times 10}{4} = 17.5$

(5) $\because$ 17.5>16.013
   $\therefore$ 拒絕 H_0

即該調查結果有顯著的差異性存在。惟犯第一類型錯誤的機率仍有 0.05 存在。

例題 20

從一常態分配母體中,隨機抽取 15 個產品為一樣本,得其變異數為 48,以顯著水準 α =0.05 檢定此樣本變異數是否大於母體變異數 36。

解

(1) 虛無假設 H_0:$\sigma^2 \leq 36$
   對立假設 H_1:σ^2>36
(2) 右尾檢定,α =0.05,臨界值:$\chi^2_{(0.05, 14)}$=23.685
(3) 拒絕域:χ^2 >23.685
(4) 檢定統計量:$\chi^2 = \dfrac{14 \times 48}{36} = 18.67$

(5) $\because$ 18.67<23.685
   $\therefore$ 不能拒絕 H_0

即樣本變異數並沒有顯著的大於母體變異數。

例題 21

某製造商非常重視其復健產品所能承受外力的撞擊力,利用隨機抽樣的方法,隨機抽取 15 個產品為一樣本,測量其所能承受的外力,得其標準差為 10.5 公斤,以顯著水準 α =0.05 檢定其產品所能承受外力的標準差,是否小於 16 公斤?(假設母體近似於常態分配)

解

(1) 虛無假設 H_0: $\sigma \geq 16$

　　對立假設 H_1: $\sigma < 16$

(2) 左尾檢定,α =0.05,臨界值:$\chi^2_{(0.95, 14)}$=6.571

(3) 拒絕域:$\chi^2 < 6.571$

(4) 檢定統計量:$\chi^2 = \dfrac{(15-1) \times (10.5)^2}{16^2} = 6.03$

(5) $\because 6.03 < 6.571$

　　$\therefore$ 拒絕 H_0

即該產品所能承受外力的標準差小於 16 公斤。

7-7 兩母體變異數比 σ_1^2 / σ_2^2 的假設檢定

欲比較兩母體之變異數是否相等,則須使用 F 分配,假設自第一個母體中隨機抽取 n_1 個樣本,得其變異數為 s_1^2。自第二個母體中隨機抽取 n_2 個樣本,得其變異數為 s_2^2,則其變異數比 s_1^2 / s_2^2 為一自由度 $(n_1 - 1, n_2 - 1)$ 的 F 分配。檢定統計量為

$$F = s_1^2 \Big/ s_2^2$$

若顯著水準為 α,則其檢定的法則如表 7.9 所示。

表 7.9　兩母體變異數比的假設檢定（F 檢定）

假設	拒絕域（斜線部份）	決策原則
雙尾檢定 H_0：$\sigma_1^2 = \sigma_2^2$ H_1：$\sigma_1^2 \neq \sigma_2^2$		若 $F > F_{\alpha/2}$ 或 $F < F_{1-\alpha/2}$，則拒絕 H_0，否則接受 H_0。
右尾檢定 H_0：$\sigma_1^2 \leq \sigma_2^2$ H_1：$\sigma_1^2 > \sigma_2^2$		若 $F > F_\alpha$，則拒絕 H_0，否則接受 H_0。
左尾檢定 H_0：$\sigma_1^2 \geq \sigma_2^2$ H_1：$\sigma_1^2 < \sigma_2^2$		若 $F < F_{1-\alpha}$，則拒絕 H_0，否則接受 H_0。

例題 22

某研究員欲瞭解兩種不同植物生長的情形，今從中分別抽取 6 棵及 8 棵測其生長的長度，得其標準差分別為 0.56 公分及 0.48 公分，試以 $\alpha=0.05$ 的顯著水準檢定其變異數是否相等？

解

(1) 虛無假設 H_0：$\sigma_1^2 = \sigma_2^2$
　　對立假設 H_1：$\sigma_1^2 \neq \sigma_2^2$

(2) 雙尾檢定，$\alpha=0.05$，則 $\alpha/2=0.025$，
　　臨界值：$F_{(0.025,5,7)}=5.29$
$$F_{(0.975,5,7)} = \frac{1}{F_{(0.025,7,5)}} = \frac{1}{6.85} = 0.146$$

(3) 拒絕域：$F > 5.29$ 或 $F < 0.146$

(4) 檢定統計量：$F = \dfrac{0.56^2}{0.48^2} = 1.36$

(5) $\because 1.36 \ngtr 5.29$ 且 $1.36 \nless 0.146$

$\quad \therefore$ 不能拒絕 H_0

即兩種不同植物生長的變異程度並沒有顯著性的差異存在。

例題 23

某研究員欲瞭解疾病患者與健康者的血清酶,今從中分別抽取 10 人及 8 人受測,得其變異數分別為 1600 及 1225,試問疾病患者的血清酶的變異數是否比健康者的為大?(α =0.05)

解

(1) 虛無假設 H_0:$\sigma_1^2 \le \sigma_2^2$

$\quad$ 對立假設 H_1:$\sigma_1^2 > \sigma_2^2$

(2) 右尾檢定,α =0.05,臨界值:$F_{(0.05, 9, 7)}$=3.68

(3) 拒絕域:$F > 3.68$

(4) 檢定統計量:$F = \dfrac{1600}{1225} = 1.31$

(5) $\because 1.31 \ngtr 3.68$

$\quad \therefore$ 不能拒絕 H_0

即兩種不同健康情形血清酶含量的變異程度並沒有顯著性的差異存在。

例題 24

某研究者想知道某班男生和女生的身高的變異程度是否有差異,隨機抽取 10 名男生和 16 名女生測量身高,得其變異數分別為 16.5 及 72.5,試問男生身高的變異數是否較女生來得小。(α =0.05)

解

(1) 虛無假設 H_0:$\sigma_1^2 \ge \sigma_2^2$

$\quad$ 對立假設 H_1:$\sigma_1^2 < \sigma_2^2$

(2) 左尾檢定，$\alpha = 0.05$，

　　臨界值：$F_{(0.95, 9, 15)} = \dfrac{1}{F_{(0.05, 15, 9)}} = \dfrac{1}{3.01} = 0.332$

(3) 拒絕域：$F < 0.332$

(4) 檢定統計量：$F = \dfrac{16.5}{72.5} = 0.227$

(5) $\because 0.227 < 0.332$

　　$\therefore$ 拒絕 H_0

即該班男生和女生身高的變異程度有顯著性的差異存在。

7-8　EXCEL 與假設檢定

■ 7-8-1　母體平均數 μ 的假設檢定

1. 母體變異數 σ^2 未知（樣本數為小樣本）

　若母體的分配實質上屬常態分配，則檢定統計量

$$t = \frac{\bar{X} - \mu}{s / \sqrt{n}}$$

為一自由度 $n - 1$ 之 t 分配，其中 n 為樣本個數。

 例題 25

法絲特公司宣稱其維生素錠中，每顆至少含有 18 毫克的鐵，現
以 20 顆維生素錠為樣本測得其含量如下：

　16.9　17.4　17.2　17.8　17.1　16.5　16.9　17.5　16.8　17.0

　16.8　17.2　17.3　16.8　17.2　17.1　17.1　16.8　16.7　17.3

試以顯著水準 0.05 來檢定所給的假設。

解

H_0：$\mu \geq 18$

H_1：$\mu < 18$

檢定統計量 t 可利用 EXCEL 的公式算出：

（AVERAGE（資料）$-\mu$）/（STDEV（資料）/SQRT(n)）

臨界值可用函數 $-$TINV(0.10, $n-1$)算得。

步驟 1： 將資料輸入到儲存格 A1：J2。

步驟 2： 在儲存格入 D4 輸入公式：

=(AVERAGE(A1：J2)−18)/(STDEV(A1:J2)/SQRT(20))

步驟 3： 在儲存格入 D9 輸入公式：

=−TINV(0.10, 19)

結論： 因為檢定統計量(−13.51)小於(−1.729)，所以拒絕 H_0：$\mu \geq 18$。

	A	B	C	D	E	F	G	H	I	J
1	16.9	17.4	17.2	17.8	17.1	16.5	16.9	17.5	16.8	17
2	16.8	17.2	17.3	16.8	17.2	17.1	17.1	16.8	16.7	17.3
3										
4			檢定統計量 t =	-13.51						
5										
6		17.07=	AVERAGE(A1:J2)							
7		0.308=	STDEV(A1:J2)							
8										
9			臨界值=	-1.729						

2. 母體變異數 σ^2 未知（樣本數為大樣本）。

當樣本數>30 時，檢定統計量

$$z = \frac{\overline{X} - \mu}{s/\sqrt{n}}$$

為一標準常態分配。

例題 26

一項醫學研究建議成年人每日鈣的吸收量應有 800 毫克。某位營養師認為所得低於平均水準的人，每日鈣的吸收量有偏低的情況，今從這部份的人中，隨機抽出 50 人，並調查其每日鈣的吸收量如下：

879	1096	701	986	828	1077	703	633	1119	951
555	422	997	473	702	508	530	688	691	943
513	720	944	673	574	707	864	748	498	881
1199	743	1325	655	1043	599	1008	792	915	456
705	180	287	542	893	1052	473	739	642	915

在 $\alpha=0.05$ 下，檢定這位營養師所說的話是否正確？

解

H_0：$\mu=800\text{mg}$

H_1：$\mu<800\text{mg}$

檢定統計量 z 可利用 EXCEL 的公式算出：

（AVERAGE（資料）$-\mu$）/（STDEV（資料）/SQRT(n)）

臨界值可用函數 NORMSINV(0.05)算得。

步驟 1：將資料輸入到儲存格 A1：J5。

步驟 2：在儲存格入 C7 輸入公式：

=(AVERAGE(A1：J5)–800)/(STDEV(A1：J5)/SQRT(50))

步驟 3：在儲存格入 C9 輸入公式：

=NORMSINV(0.05)

結論：　因為檢定統計量(-1.319)沒有小於(-1.645)，所以無法拒絕 H_0：$\mu \geq 800\text{mg}$，也就是說，抽樣結果顯示並沒有充分的證據表示營養師的宣稱是正確的。

	A	B	C	D	E	F	G	H	I	J
1	879	1096	701	986	828	1077	703	633	1119	951
2	555	422	997	473	702	508	530	688	691	943
3	513	720	944	673	574	707	864	748	498	881
4	1199	743	1325	655	1043	599	1008	792	915	456
5	705	180	287	542	893	1052	473	739	642	915
6										
7	檢定統計量Z =		-1.319		757.14=	AVERAGE(A1:J5)				
8					239.25=	STDEV(A1:J5)				
9			臨界值=	-1.645						

■ 7-8-2　母體平均數差的假設檢定

1. 母體變異數 σ_1^2、σ_2^2 未知，但假設 $\sigma_1^2 = \sigma_2^2$，兩組樣本皆為小樣本($n \leq 30$)。

例題 27

某心理學家宣稱 RNA 可以促進記憶力，有助於老鼠的迷津學習，現以隨機抽樣的方法，抽取 24 隻老鼠，分為實驗組和控制組，兩組各為 12 隻，實驗組注射 RNA，控制組注射生理食鹽水，然後在同樣的條件下，進行迷津實習的實驗，結果如下：

實驗組　29　27　32　25　33　30　36　28　33　28　32　29

控制組　22　31　28　27　29　32　26　27　31　28　25　30

根據上述資料，是否可以說接受 RNA 注射的老鼠，學習成績較好？($\alpha = 0.01$)

解

H_0：$\mu_1 \leq \mu_2$

H_1：$\mu_1 > \mu_2$

本題除了可用上例的函數計算外，也可使用【資料／資料分析】。

步驟 1：將資料分別輸入儲存格範圍 B1：M1 及 B2：M2。

步驟 2：選【資料／資料分析】，在視窗【資料分析】下，選取【t 檢定：兩個母體平均數差的檢定，假設變異數相等】。

步驟 3：輸入

變數 1 的範圍(1)：B1：M1　　（實驗組的儲存格範圍）

變數 2 的範圍(2)：B2：M2　　（控制組的儲存格範圍）

假設的均數差(p)：0　　　　　（$\mu_1 - \mu_2 \leq 0$）

α(A)：0.01　　　　　　　　（顯著水準）

按【確定】

完成步驟 3 的動作後，出現新工作表，內容如下：

	A	B	C	D	E
1	t 檢定：兩個母體平均數差的檢定，假設變異數相等				
2					
3		變數 1	變數 2		
4	平均數	30.16667	28		
5	變異數	9.606061	8.181818		
6	觀察值個數	12	12		
7	Pooled 變異數	8.893939			
8	假設的均數差	0			
9	自由度	22			
10	t 統計	1.779593			
11	P(T<=t) 單尾	0.044481			
12	臨界值：單尾	2.508325			
13	P(T<=t) 雙尾	0.088962			
14	臨界值：雙尾	2.818756			

上圖的 Pooled 變異數即為公式中的 S_p^2，$P(T<=t)$ 單尾即為前面章節所說之 P 值，因為 1.7795928 沒有大於 2.5083227，所以無法拒絕 H_0，也就是說，實驗的結果無法支持接受 RNA 注射的老鼠，學習成績較好的假設，不過從上圖的 $P(T<=t)$ 單尾值為 0.0444811 可知，若顯著水準改成 0.05，假設便可成立了。

2. 母體變異數 σ_1^2、σ_2^2 未知，但假設 σ_1^2、σ_2^2 不相等，兩組皆為小樣本 $(n \leq 30)$。

作法可說是和前例大致相同，選取【工具／資料分析】後，在視窗【資料分析】下，選取【t 檢定：兩個母體平均數差的檢定，假設變異數不相等】即可。

3. 母體變異數 σ_1^2，σ_2^2 未知，但兩組樣本皆為大樣本，檢定統計量

$$Z = \frac{(\bar{X}_1 - \bar{X}_2) - (\mu_1 - \mu_2)}{\sqrt{\frac{s_1^2}{n_1}} + \sqrt{\frac{s_2^2}{n_2}}} \sim N(0,1)$$

 例題 28

欲比較新舊配方之肥料，以決定新肥料是否有較好的效果。隨機抽出 80 塊面積相同的田地，隨機平分後分別使用新舊兩種肥料。調查其收穫量如下：

舊肥料					新肥料				
109	101	97	98	100	105	109	110	118	109
98	98	94	99	104	113	111	111	99	112
103	88	108	102	106	106	117	99	107	119
97	105	102	104	101	110	111	103	110	108
101	100	105	110	96	104	102	111	114	114
102	95	100	95	109	122	117	101	109	109
91	98	113	91	95	102	109	103	109	106
106	98	101	99	96	107	107	111	128	109

由上表資料是否可說，新配方的肥料的確有較好的效果？（ α =0.01）

解

H_0： $\mu_1 \le \mu_2$

H_1： $\mu_1 > \mu_2$

μ_1，μ_2 分別代表新舊肥料使用後田地之平均收穫量。

步驟 1： 將新舊肥料資料分別到輸入儲存格範圍 F2：J9 及 A2：E9。

步驟 2： 利用 EXCEL 的函數計算出統計值 z。在儲存格 D11 輸入
=(AVERAGE(F2：F9)−AVERAGE(A2：E9))/
SQRT((VAR(F2：J9)/40)+(VAR(A2：E9)/40))。

步驟 3：　輸入臨界值，在儲存格 H11 輸入
　　　　　=NORMSINV(0.99)。

結論：　因為統計值 z=7.1021＞臨界值=2.3263，所以拒絕 H_0。
　　　　在 α=0.01 下，實驗結果顯示，新舊肥料之間有顯著的差異，可以認為新肥料有較好的效果。

	A	B	C	D	E	F	G	H	I	J
1			舊肥料					新肥料		
2	109	101	97	98	100	105	109	110	118	109
3	98	98	94	99	104	113	111	111	99	112
4	103	88	108	102	106	106	117	99	107	119
5	97	105	102	104	101	110	111	103	110	108
6	101	100	105	110	96	104	102	111	114	114
7	102	95	100	95	109	122	117	101	109	109
8	91	98	113	91	95	102	109	103	109	106
9	106	98	101	99	96	107	107	111	128	109
10										
11			統計值Z=	7.1021				臨界值=	2.326	

■ 7-8-3　母體變異數比的假設檢定

 例題29

剛開學時，有位教師想知道其任教的選修課，班上男生和女生的英文參差程度，是否有差異，此時採用隨機抽樣的方法，從中抽取 10 名男生和 10 名女生做測驗，成績如下：

男生	55	73	71	60	45	81	52	66	73	78
女生	66	70	87	82	61	72	58	75	61	75

在顯著水準 α=0.05 下，請比較其參差程度是否有差異？

解

H_0：$\sigma_1^2 = \sigma_2^2$

H_1：$\sigma_1^2 \neq \sigma_2^2$

步驟 1：　將男生及女生資料分別輸入到儲存格 B1：K1 及 B2：K2。

步驟 2：　選【資料／資料分析】，在視窗【資料分析】下，選取【 F 檢定：兩個常態母體變異數的檢定】。

步驟 3： 輸入

變數 1 的範圍(1)：B1：K1 　（男生組的儲存格範圍）

變數 2 的範圍(2)：B2：K2 　（女生組的儲存格範圍）

α(A)：0.05 　　　　　（顯著水準）

按【確定】

	A	B	C	D	E	F	G	H	I	J	K
1	男生	55	73	71	60	45	81	52	66	73	78
2	女生	66	70	87	82	61	72	58	75	61	75

完成步驟 3 的動作後，出現新工作表，內容如下

	A	B	C
1	F 檢定：兩個常態母體變異數的檢定		
2			
3		變數 1	變數 2
4	平均數	65.4	70.7
5	變異數	142.4889	89.34444
6	觀察值個數	10	10
7	自由度	9	9
8	F	1.594827	
9	P(F<=f) 單尾	0.248873	
10	臨界值：單尾	3.178893	

由上圖可知，統計值 $F=1.594827$，其 p 值為 $2(0.248873)=0.497746$，不管在 $\alpha=0.05$ 或 0.01 下，都無法拒絕 H_0。

本章討論了兩母體平均數差的假設檢定，在此，提出一個另類思考，如果兩母體平均數真的有差異存在，但差異沒有很大，是否能夠檢定出此差異？在此，我們可以利用 EXCEL 模擬這種情況。

☐ **步驟** 1：利用 EXCEL 模擬產生 10 個來自 N(60, 3)的數據及 10 個來自 N(63, 3)的數據。選取【資料／資料分析】，在視窗【資料分析】下，選取【亂數產生器】，按【確定】，輸入下圖數據後，按【確定】。

☐ **步驟** 2：重複上述步驟，輸入下圖數據後，按【確定】。

☐ **步驟** 3：有了這兩組數據後，便可進行兩母體平均數差的檢定。

H_0：$\mu_1 = \mu_2$

H_1：$\mu_1 \neq \mu_2$

☐ **步驟 4**：【資料／資料分析】，在視窗【資料分析】下，選取【t 檢定：兩個母體平均數差的檢定，假設變異數相等】。

☐ **步驟 5**：輸入

變數 1 的範圍(1)：A1：A10　　（實驗組的儲存格範圍）

變數 2 的範圍(2)：C1：C10　　（控制組的儲存格範圍）

假設的均數差(p)：0　　　　　　$(\mu_1 - \mu_2 = 0)$

α(A)：0.05　　　　　　　　（顯著水準）

按【確定】

	A	B	C	D	E
1	t 檢定：兩個母體平均數差的檢定，假設變異數相等				
2					
3		變數 1	變數 2		
4	平均數	60.21349	63.45887		
5	變異數	10.3098	9.453547		
6	觀察值個數	10	10		
7	Pooled 變異數	9.881675			
8	假設的均數差	0			
9	自由度	18			
10	t 統計	-2.30853			
11	P(T<=t) 單尾	0.016526			
12	臨界值：單尾	1.734064			
13	P(T<=t) 雙尾	0.033052			
14	臨界值：雙尾	2.100922			

由上圖可知，t 統計值為 -2.30853 確實小於 -2.10092，所以拒絕 H_0。

這個例子中，兩個母體的差異為一個標準差，建議讀者自行利用上述步驟，試試兩個母體的差異降到多少個標準差時，才會出現無法拒絕的情況。

習 題

1. 若一般人血液中膽固醇平均含量為 180mg/dL，標準差為 35mg/dL，今調查
   某地區 16 位成人血液中膽固醇含量為 200mg/dL，試問該地區成人血液中膽
   固醇含量是否較一般人為高？($\alpha = 0.05$)

2. 今調查市面上某速食品所含防腐劑的量結果如下：3, 3, 4, 5, 4, 3.5ppm，試以
   $\alpha = 0.05$ 之顯著水準，檢定該速食品所含防腐劑的量是否高於國家所訂之標
   準 3ppm？

3. 以隨機抽樣方法抽取某校 22 名男生及 30 名女生量測身高，得其平均
   身高分別為 168.5cm 及 160.2cm，標準差各為 7.9cm 及 6.8cm，試以
   $\alpha = 0.05$ 之顯著水準，檢定該校男、女生身高是否有所不同？

4. 隨機測量 100 名健康男性與 100 名結核病男性兩組樣本之體溫，得其平均體
   溫分別為 98.4°F 及 99.4°F，標準差各為 0.5°F 及 1.0°F，試以 $\alpha = 0.05$ 之顯著
   水準，檢定健康男性之體溫是否較結核病男性之體溫為低？

5. 某製藥商宣稱其新藥物的治癒率高達 85%。今隨機抽取 150 名病人給予新藥
   物的治療，發現其中有 130 人治癒。試問該製藥商的宣稱是否屬實？
   ($\alpha = 0.05$)

6. 今隨機各抽取都市 200 名及鄉村 100 名國小學童作調查，發現其中都市學童
   有 90 名，鄉村學童有 30 名患近視。試檢定都市學童患近視的比率高於鄉村
   學童。($\alpha = 0.05$)

7. 今隨機抽取 7 位學童，測得其平均體重為 26.5kg，標準差為 2.5kg，已知該
   母體之標準差為 5kg，試問此些學童之體重變異數是否較該母體為小？
   ($\alpha = 0.05$)

8. 今隨機抽取 10 及男生及 16 名女生，測其體重，得其變異數分別為 15 及
   55kg，試問男女生體重的變異數是否有顯著的不同？($\alpha = 0.05$)

次數分析

BI●STATISTICS

8-1　適合度檢定

8-2　獨立性檢定

　　次數分析是屬於"類別變數"的假設檢定，是用來檢定所觀測的次數分配是否與假設的期望次數分配相符合，它是用來比較不同類別之間的次數結果是否有顯著性的差異存在。

　　若是依據單一準則來分類的檢定，稱為"適合度檢定"。

　　若是依據雙向準則來分類的檢定，稱為"獨立性檢定"。

　　無論是適合度檢定或獨立性檢定，在統計上都以**卡方檢定法**(Chi-Square Test)來處理。一般我們都將卡方檢定視為單尾的檢定，因為此種檢定是用來檢定所觀測的次數分配是否與假設的期望次數分配相符合，結果只有兩種："是"與"否"，而在否的情況下，並不需要討論大於或小於，因此將之視為單尾的檢定。

8-1　適合度檢定

　　不論是用實驗處理或用類別作為自變數，在觀察或實驗時，任何一個自變數便稱為一個因子(factor)。一個因子（亦即一個自變數），可以包括幾個不同程度或不同性質的值或類別，就叫做"水準"(level)。例如，把"性別"這一因數分為'男'和'女'兩個類別，"年級"這一因數，分為'高'、'中'、'低'三個類別，均屬之。此種依據單一因子來分類，將受試者分為 k 組，由公式計算出的統計量，便是一自由度為 $k-1$ 的 χ^2 分配。其檢定統計量為

$$\chi^2 = \Sigma \frac{(f_o - f_e)^2}{f_e}$$　　其中 f_o 表觀察次數

f_e 表期望次數

例題 1

假設有一遺傳學家進行兩個 F_1 雜交後代的雜交，而得到 90 個 F_2 的雜交後代，其中 80 個屬於野生型，10 個屬於突變型，而此遺傳學家根據顯隱性的假設，期望其表現型態成 3：1 的比例，試問此實驗結果是否與期望假設相符合？$(\alpha = 0.05)$

解

(1) 虛無假設 H_0：實驗結果與期望假設相符合

　　對立假設 H_1：實驗結果與期望假設不符合

(2) 臨界值：當 α=0.05 時，$\chi^2_{(0.05,\ 1)}$=3.841

(3) 拒絕域：$\chi^2 > 3.841$

(4) 檢定統計量：依據假設，得知期望次數分別為 90×3/4=67.5 及 90×1/4=22.5。故

$$\chi^2 = \frac{(80-67.5)^2}{67.5} + \frac{(10-22.5)^2}{22.5} = 9.25$$

(5) ∵ 9.25>3.841

　　∴ 拒絕 H_0

即實驗結果與期望假設並不符合。

 例題 2

某醫院之護理部認為該院之護理人員有傾向於在週一到週五請假的現象，下列是該院護理人員的請假狀況：

星期	星期一	星期二	星期三	星期四	星期五
請假人數	56	40	38	53	63

在 α=0.05 之顯著水準下，試檢定該院之護理人員在週一至週五請假是否有差異。

解

(1) 虛無假設 H_0：該院護理人員在週一至週五請假並無差異

　　對立假設 H_1：該院護理人員在週一至週五請假有差異

(2) 右尾檢定，$α$=0.05，臨界值：$\chi^2_{(0.05,4)}$=9.488

(3) 拒絕域：$\chi^2 > 9.488$

(4) 檢定統計量：依據假設，得知期望次數各為 250×1/5=50，因此，

$$\chi^2 = \frac{(56-50)^2}{50} + \frac{(40-50)^2}{50} + \frac{(38-50)^2}{50} +$$

$$\frac{(53-50)^2}{50} + \frac{(63-50)^2}{50} = 9.16$$

(5) $\because 9.16 < 9.488$

$\therefore$ 不能拒絕 H_0

也就是說該院護理人員在週一至週五請假的狀況，並無顯著性的差異存在，惟犯第一類型錯誤之機率仍有 5%。

8-2　獨立性檢定

　　若同時使用兩個分類變數作為自變數，以觀察它們對依變數所產生的影響，則為二因子的分類，此時研究者的主要興趣在於想要瞭解兩個自變數之間是否有 "交互作用"(interaction)存在，而不是其間是否有 "差異" 存在。譬如說，某教師以問卷方式調查男女生對男女合班的意見，其主要目的是在於想要知道是否隨著性別的不同，其看法也有所不同，而不是在於比較男女之間的差異，或看法之間的差異。他之所以採用二因子的分類的實驗，可能是因為他懷疑男生答 "贊成" 的人數會較多，而女生答 "反對" 的人數會較多的緣故，也就是說，其看法："贊成" 或 "反對"，可能隨著性別之不同而有所不同。

　　一般而言，此種實驗的結果，通常以列聯表(Contingency Table)的形式列出，若第一因子分為 m 個水準，第二個因子分為 n 個水準，則此列聯表為一 $m \times n$ 的列聯表，此時，由公式計算出的統計值為一自由度$(m-1) \times (n-1)$的χ^2分配。其檢定統計量為

$$\chi^2 = \Sigma \frac{(f_o - f_e)^2}{f_e}$$，其中 f_o 表觀察次數

f_e 表期望次數

　　今以 2×2 列聯表為例，說明期望次數的計算。

$$每一方格的期望次數 = \frac{該方格所在的列總和 \times 該方格所在的行總和}{總抽樣個數}$$

A	B	$A+B$
C	D	$C+D$

$A+C$　$B+D$　　$A+B+C+D$

期望次數→

$\dfrac{(A+C)(A+B)}{(A+B+C+D)}$	$\dfrac{(B+D)(A+B)}{(A+B+C+D)}$
$\dfrac{(A+C)(C+D)}{(A+B+C+D)}$	$\dfrac{(B+D)(C+D)}{(A+B+C+D)}$

 例題3

某研究者以問卷方式調查男女病人對 "住院病房不依男女性別區分" 的意見，100 名男女病人對 "贊成" 與 "反對" 的意見結果如下表所示：

性別 ＼ 意見	贊成	反對	合計
男	44	16	60
女	16	24	40
合計	60	40	100

試問病人對於此一問題的意見是否隨著男女性別而有所不同？
($\alpha = 0.05$)

解

利用列聯表做獨立性檢定時，須先計算其期望次數，如下表所示。

	贊成	反對
男	36	24
女	24	16

$36=(60 \cdot 60)/100$
$24=(40 \cdot 60)/100$
$24=(60 \cdot 40)/100$
$16=(40 \cdot 40)/100$

此時其自由度為$(2-1) \times (2-1) = 1$。假設檢定的步驟如下：

(1) 虛無假設：病人對於此一問題的意見不隨著男女性別之不同而有所不同。

對立假設：病人對於此一問題的意見隨著男女性別之不同而有所不同。

(2) 臨界值：當 $\alpha = 0.05$ 時，$\chi^2_{(0.05,1)} = 3.841$

(3) 拒絕域：$\chi^2 > 3.841$

(4) 檢定統計量：

$$\chi^2 = \frac{(44-36)^2}{36} + \frac{(16-24)^2}{24} + \frac{(16-24)^2}{24} + \frac{(24-16)^2}{16} = 11.1$$

(5) $\because 11.1 > 3.841$

$\therefore$ 虛無假設應予以拒絕。

即病人對於此一問題的意見隨著男女性別而有所不同。

 例題 4

抽樣調查 500 個病人，依其教育背景及對疾病的認識，分類如下：試問此兩分類標準是否獨立？$(\alpha = 0.05)$

認識程度 教育背景	良好	普通	缺乏	合計
醫學院	31	55	14	100
非醫學院	12	175	213	400
合 計	43	230	227	500

解

利用列聯表做獨立性檢定時，須先計算其期望次數，如下表所示。

認識程度 教育背景	良好	普通	缺乏
醫學院	8.6	46	45.4
非醫學院	34.4	184	181.6

此時其自由度為$(2-1)\times(3-1)=2$。假設檢定的步驟如下：

(1) 虛無假設：此兩分類標準是獨立

　　對立假設：此兩分類標準不獨立

(2) 臨界值：當 $\alpha=0.05$ 時，$\chi^2_{(0.05,2)}=5.991$

(3) 拒絕域：$\chi^2 > 5.991$

(4) 檢定統計量：

$$\chi^2 = \frac{(31-8.6)^2}{8.6} + \frac{(55-46)^2}{46} + \frac{(14-45.4)^2}{45.4} +$$

$$\frac{(12-34.4)^2}{34.4} + \frac{(175-184)^2}{184} + \frac{(213-181.6)^2}{181.6} = 102.28$$

(5) $\because 102.28 > 5.991$

　　$\therefore$ 虛無假設應予以拒絕。

即此兩分類標準不獨立，教育背景與對疾病的認識有關。

例題5

一植物生態學家從一個 4 平方哩面積的土地上，抽取一種稀有樹種作實驗，樣本數為 20，他對每棵樹記錄該樹是否長在蛇紋石風化而成之土壤上及葉子是否有毛或光滑，其結果如下：

樹葉型態＼土壤	有毛	光滑	合計
蛇紋石	5	3	8
非蛇紋石	4	8	12
合計	9	11	20

該植物生態學家想知道葉子的生長型態是否與土壤有關？
$(\alpha = 0.05)$

期望次數表如下：

土壤＼樹葉型態	有毛	光滑	合計
蛇紋石	3.6	4.4	8
非蛇紋石	5.4	6.6	12
合計	9	11	20

此例之自由度為$(2-1)\times(2-1)=1$。

當遇到自由度應為 1 且理論次數（不是觀察次數）又小於 5 時，就必須進行所謂的耶茲氏校正(Yates' Correction for Continuity)，在此，"5"只是一個大約的界限而已，事實上，倘理論次數小於 10，就該進行此項校正的工作了。在作校正的工作時，凡觀察的次數大於理論次數時，觀察次數就減 0.5，若觀察次數小於理論次數時，觀察次數就加 0.5。這樣的結果，χ^2 值會比沒有校正時為小，但較為正確。

校正後，新的 2×2 列聯表如下：

土　壤＼樹葉型態	有毛	光滑	合計
蛇紋石	4.5	3.5	8
非蛇紋石	4.5	7.5	12
合計	9	11	20

此時，假設檢定的步驟如下：

(1) 虛無假設：樹葉的生長型態與土壤無關

　　對立假設：樹葉的生長型態與土壤有關

(2) 臨界值：當 α=0.05 時，$\chi^2_{(0.05,1)}=3.841$

(3) 拒絕域：$\chi^2 > 3.841$

(4) 檢定統計量：

$$\chi^2 = \frac{(4.5-3.6)^2}{3.6} + \frac{(3.5-4.4)^2}{4.4}\frac{(4.5-5.4)^2}{5.4} + \frac{(7.5-6.6)^2}{6.6} = 0.68$$

(5) $\because 0.68 < 3.841$

　　$\therefore$ 不能拒絕虛無假設。

即樹葉的生長型態與土壤是無關的。

習題

1. 某醫院急診室記錄了一週來車禍求診的人數，結果如下表所示。

週一	週二	週三	週四	週五	週六	週日
8	12	6	11	9	10	14

   試以 $\alpha = 0.05$ 之顯著水準，檢定星期是否會影響車禍求診的人數。

2. 甲地區人口中有 45% 為 O 型血、40% 為 A 型血，10% 為 B 型血，5% 為 AB 型血，而從乙地區人口中隨機抽取 200 人，得其血型分佈如下表所示：

血　型	O 型	A 型	B 型	AB 型
人　數	82	74	26	18

   試以 $\alpha = 0.05$ 之顯著水準，檢定乙地區人口的血型分佈是否和甲地區有差異？

3. 從 200 名高血壓住院病患中，隨機抽出 100 名患者給予某新藥治療，其餘 100 名則給予相同劑量的寬心劑。100 名服新藥者中，有 75 人病情有改善；服用寬心劑的病人中，則有 65 人病情有改善。請問你有甚麼結論？（$\alpha = 0.05$）

4. 以 A、B、C 三種方法治療某種疾病，其結果如下表所示。試問三種方法治療某病的存活率是否不同？（$\alpha = 0.05$）

治療方法 ＼ 人數	生存數	死亡數	合計
A 法	35	65	100
B 法	75	25	100
C 法	40	60	100

5. 今調查某醫院某月份疾病 A、B、C、D 四種，病患來院就診的人數，如果如下：

居住區域 ＼ 疾病	A	B	C	D
北部	18	33	27	10
中部	20	27	32	13
南部	25	30	22	31

   試問該院不同疾病的就診人數，是否因疾病及居住區域之不同而有顯著性差異？（$\alpha = 0.05$）

6. 試就下列資料，以 $\alpha = 0.05$ 之顯著水準，檢定血型與胃腸潰瘍是否有關？

	O 型	A 型	B 型	AB 型
胃潰瘍	400	400	70	30
十二指腸潰瘍	1000	700	150	50
正常人	3100	2500	500	100

變異數分析

BIOSTATISTICS

9-1　單因子變異數分析

9-2　二因子變異數分析

9-3　EXCEL 與變異數分析

　　本章所提的方法是變異數分析法(Analysis of Variance, ANOVA)，是用來檢定各組資料的平均數(mean)是否有差異。檢定兩組資料間的平均數有無差異，可用前面第七章所說的平均數差的檢定方法，也就是所謂的 t 檢定（或此章的變異數分析），而若是對於三組資料或三組以上資料的平均數作檢定，就必須要用變異數分析法了。

　　變異數分析法的假設條件為各組樣本所來自的母體變異數相等，其目的是在探究各組的反應，是否因處理的不同而有所差異，作為日後擬定決策時的參考。它亦可用來檢定兩個以上的母體的平均數是否相等。

　　一般而言，當顯著水準 $\alpha = 0.05$ 時，想知道 5 組獨立樣本中，哪兩組的平均數有顯著性差異存在時，需作十種檢定：

　　第一種檢定：P（接受 $H_{0,1}|H_{0,1}$ 是真）$=0.95$

　　第二種檢定：P（接受 $H_{0,2}|H_{0,2}$ 是真）$=0.95$

$$\vdots$$

$$\vdots$$

　　第十種檢定：P（接受 $H_{0,10}|H_{0,10}$ 是真）$=0.95$

因此，P（接受所有 $H_{0,\cdot}|H_{0,\cdot}$ 全是真）$=(0.95)^{10}=0.5987$

　　　　　P（拒絕至少一 $H_{0,\cdot}|H_{0,\cdot}$ 全是真）$=1-(0.95)^{10}=0.4013$，

雖然在每一種檢定中，犯第一類型錯誤的機率只有 0.05，但在此十種檢定中彼此是獨立的情況下，犯第一類型錯誤的機率卻高達 40%，更何況作此十種檢定時，所用的資料有些是相同，彼此之間並不是完全獨立(independent)的，若是不完全獨立，其犯第一類型錯誤的機率將更高，所以採用兩兩比較的 t 檢定法，並不是很適宜的。而變異數分析法則是一種最常用且可彌補此項缺點的檢定方法，它探討各項變易來源（組間、組內之變異），利用變異數的大小比值，來比較兩組以上的母體平均數是否有顯著性的差異。

📊 名詞解釋

- **反應**(response)：將個體的特性狀況，以數量的形式來表達，作為分析的依據，亦稱為依變數(dependent variable)。

- **因子**(factor)：影響個體特性狀況的因素，亦稱為自變數(independent variable)。

- **實驗單位**(experimental unit)：接受實驗，並產生特性資料，以供分析的個體或群體。

- **因子水準**(factor level)：每一因子的分類狀況，皆代表一個水準。

- **實驗因子**(experimental factor)：若因子的不同水準是因隨機方法外加於各個實驗單位，則此因子稱為實驗因子，如探究不同的溫度對植物生長的情形，由於在實驗的過程中，溫度可以由實驗者來控制，故溫度為一實驗因子。

- **類別因子**(classification factor)：若因子的不同水準，並非實驗者所能控制，而係實驗單位本身所具有，則此因子稱為類別因子。如"性別"即為一種類別因子。

- **單因子分析**(single-factor analysis)：僅探究某一個因子對反應的影響，則稱為單因子分析。

- **多因子分析**(multi-factor analysis)：若同時探究兩個或兩個以上的因子對反應的影響，則稱為多因子分析。

- **處理**(treatment)：即實驗單位所能承受的不同實驗狀況。在單因子分析中，每一個因子水準，即為一種處理。而在多因子分析中，因子水準的每種組合，都是一種處理。

9-1　單因子變異數分析

單因子變異數分析(One-way Analysis of Variance)是指以一個自變數（因子）來解釋反應變數來源的分析方法。一個自變數，稱為一個因子(factor)。由於只有一個自變數，所以稱為單因子。實驗時就此因子來分類，分為 k 個因子水準（也就是 k 組），每個因子水準的樣本個數為 n_j，

$j = 1, 2, ..., k$ ，且各個因子水準（組）的處理平均效果為 u_j ，$j = 1, 2, ..., k$ 。由實驗過程中得知每一來源的處理效果，探討各個因子水準的平均處理效果是否有差異存在，確定變異的來源(source of variation)。完全隨機實驗設計(completely randomized experimental design)是以隨機選取獨立樣本的方式，分別給予不同的處理，比較兩個或多個群體在不同處理方式之後的效果差異。就單一因子所做的完全隨機實驗設計，即為一單因子的實驗模式。

表 9.1　單因子實驗資料表

處理(treatment)

	1	2	3	…	…	…	k
	x_{11}	x_{12}	x_{13}				x_{1k}
	x_{21}	x_{22}	x_{23}				x_{2k}
	⋮	⋮	⋮				⋮
	⋮	⋮	⋮				⋮
	⋮	⋮	⋮				⋮
	$x_{n_1 1}$	$x_{n_2 2}$	$x_{n_3 3}$				$x_{n_k k}$
合計	$T_{.1}$	$T_{.2}$	$T_{.3}$				$T_{.k}$
平均	$\bar{x}_{.1}$	$\bar{x}_{.2}$	$\bar{x}_{.3}$				$\bar{x}_{.k}$

其中　$T_{.k} = \sum_{i=1}^{n_k} x_{ik}$ ，$\bar{x}_{.k} = T_{.k}\big/ n_k$ 。假設每一行的資料所來自的母體為一平均數 μ_j ，標準差 σ_j 的常態分配，$j = 1, 2, ..., k$ ，則

$$x_{ij} = \mu_j + e_{ij} \text{ ，}$$

e_{ij} 為誤差項(error term)。令 μ 為整個母體的平均，則 $\mu = \sum_{j=1}^{k} \mu_j / k$ ，且

$$\mu_j = \mu + \tau_j \text{ ，}$$

τ_j 為第 j 個處理的效果(effect)，為一未知參數。因此，在處理效果固定的模式(fixed effect model)下，

$$x_{ij} = \mu + \tau_j + e_{ij} \ , \quad i = 1, 2, \ldots, n_j \ ,$$
$$j = 1, 2, \ldots, k \ ,$$

且其基本假設為 (1) k 組觀察所得的資料為 k 個獨立的隨機樣本，(2) k 個母體的變異數相等，即 $\sigma_1^2 = \sigma_2^2 = \cdots = \sigma_k^2 = \sigma^2$，(3) $\sum_{j=1}^{k} \tau_j = 0$，(4) 隨機誤差項為獨立且相同之常態分配，$e_{ij} \sim N(0, \sigma^2)$。

今將假設檢定的步驟說明如下：

1. **建立假設**：檢定因子處理效果是否相同。
   虛無假設 H_0：$\mu_1 = \mu_2 = \cdots = \mu_k = \mu$（表示各組母體平均數相等），
   對立假設 H_1：並非所有的 μ_i 都相等（表示各組母體平均數至少有一不相等）。
   或
   虛無假設 H_0：$\tau_1 = \tau_2 = \cdots = \tau_k = 0$（表示處理的效果相同），
   對立假設 H_1：並非所有的 τ_j 都相等（表示處理的效果至少有一不同）。

2. **計算各種變異數**：此時變異數的來源是來自於因子及隨機誤差項
   總變異 ＝ 因子變異 ＋ 隨機誤差變異
   $\quad SS_t \quad = \quad SS_b \quad + \quad SS_w$
   (1) SS_t (sum of square of total)
   $$SS_t = \sum_{j=1}^{k} \sum_{i=1}^{n_j} x_{ij}^2 - T_{..}^2 / N$$
   (2) SS_b (sum of square due to factor, among groups)
   $$SS_b = \sum_{j=1}^{k} T_{.j}^2 / n_j - T_{..}^2 / N$$
   (3) SS_w (sum of square of error, within group)
   $$SS_w = \sum_{j=1}^{k} \sum_{i=1}^{n_j} x_{ij}^2 - \sum_{j=1}^{k} T_{.j}^2 / n_j = SS_t - SS_b$$

3. **計算各種自由度**
   (1) SS_t 的自由度為 $N - 1$
   (2) SS_b 的自由度為 $k - 1$
   (3) SS_w 的自由度為 $N - k$

4. **計算各種均方**(mean of square)

    (1) $MS_b = SS_b / (k-1)$

    (2) $MS_w = SS_w / (N-k)$

5. **計算 F 值**：$F = MS_b / MS_w \sim F(k-1, N-k)$

6. **查表找 F 臨界值**

    若顯著水準為 α ，則由 F 分配表，找出臨界值 $F_{(\alpha, k-1, N-k)}$ ，當 $F > F_{(\alpha, k-1, N-k)}$ 時，拒絕 H_0 ，表示各組處理的平均效果有顯著性差異存在。反之則接受 H_0 。

表 9.2 單因子變異數分析表

變異來源	變異數	自由度	均方	F 值
因子（組間）	SS_b	$\tilde{k}1$	MS_b	$F = MS_b / MS_w$
誤差（組內）	SS_w	$\tilde{N}k$	MS_w	
總　　和	SS_t	$\tilde{N}1$		

若拒絕 H_0 ，我們想要知道哪兩組處理的平均效果有顯著性差異存在，此時可以兩兩作比較，此即為事後的多重比較(multiple comparison)。若有 k 組，則有 C_2^k 種檢定法，檢定的次數愈多，個別比較的顯著水準就愈小。故有時會對顯著水準作調整，若顯著水準為 α ，則每一個別比較的顯著水準為 $\alpha^* = \alpha / C_2^k$ ，此為 Bonferroni adjustment。若有 5 組，則有 $C_2^5 = 10$ 種檢定。在顯著水準 $\alpha = 0.05$ 的情況下，每一個別比較的顯著水準為 $\alpha^* = 0.05 / C_2^5 = 0.005$ 。多重比較的虛無假設為 $H_0 : \mu_i = \mu_j$ ，$i \neq j$ ，也就是兩兩成對組合之間的處理效果相同，兩組的平均數相等。在此介紹四種多重比較的方法：

(1) 費雪最小顯著差異檢定(Fisher's Least Significant Difference Test)

    檢定統計量 $t_{ij} = \dfrac{\bar{x}_i - \bar{x}_j}{\sqrt{MS_w(1/n_i + 1/n_j)}}$ 為一自由度 $N-k$ 之雙尾之 t 檢定。

    而 $LSD = t_{\alpha/2, N-k}\sqrt{MS_w(1/n_i + 1/n_j)}$ 稱為最小顯著差異(the least significant difference)。

(2) 薛氏顯著差異檢定(Scheffe's Significant Difference Test)

    $SSD = \sqrt{(k-1)F_{\alpha, k-1, N-k}}\sqrt{MS_w(1/n_i + 1/n_j)}$

(3) 杜氏公正顯著差異檢定(Tukey's Honestly Significant Difference Test)

$$HSD = q_{\alpha, k, N-k}\sqrt{\frac{MS_w}{n}}$$

其中 k 為實驗之組數，N 為實驗之總個數，n 為各組內的實驗個數，$q_{\alpha, k, N-k}$ 為一常數。若各組內的實驗個數不相等時，則

$$HSD = q_{\alpha, k, N-k}\sqrt{MS_w(1/n_i + 1/n_j)/2}$$

(4) 鄧肯多重範圍檢定(Duncan's Multiple Range Test)

$$R_p = r_\alpha(p, f)\sqrt{\frac{MS_w}{n}}$$

其中 $p = 2,...,k$，f 為組內變異（誤差項）的自由度，n 為各組內的實驗個數，$r_\alpha(p, f)$ 為一常數。若各組內的實驗個數不相等時，則上式中之 n，以 $\{n_j\}$ 的調和平均數 $n_h = k/(\sum_{j=1}^{k} n_j)$ 代之。首先，各種處理的平均數須先依遞增順序排序，而後依序計算成對兩組間的平均數差，p 為成對兩組間的間隔數加 1，例如，在 $k = 5$ 的情況下，若要將排序後最大值之組與最小值之組作比較時，$p = 5$，又若是要將最大值之組與第二小值之組作比較時，$p = 4$，以此類推。

各種多重比較法之檢定步驟如下：
(1) 選定顯著水準(significance level)。
(2) 計算所有可能兩兩組合之間樣本平均數的差異(the difference of two sample means)。
(3) 計算 LSD（或 SSD, HSD, R_p）。
(4) 若任兩組之間的差異大於 LSD（或 SSD, HSD, R_p），則表示兩組之間有顯著差異；若任兩組之間的差異小於 LSD（或 SSD, HSD, R_p），則表示兩組之間沒有顯著性差異存在。

例題 1

某復健師想了解病人利用拐杖學習走路所需的時間（單位：天）是否因教導的方式不同而有所差異，他隨機選取五個病人做研究，得到的結果如下表所示。試問在 $\alpha = 0.05$ 之顯著水準下，此些資料是否足以顯示學習效果會因教導的方式不同而有所差異？

教導方式 受試者	A	B	C
1	7	8	10
2	8	9	11
3	9	10	12
4	10	10	13
5	11	12	14

 解

1. 建立假設：

   虛無假設 H_0： $\mu_A = \mu_B = \mu_C$（表示不同教導方式所需的時間相同），

   對立假設 H_1：並非所有的 μ_i 都相等（表示不同教導方式所需的時間不完全相同）。

   或

   虛無假設 H_0： $\tau_1 = \tau_2 = \cdots = \tau_4 = 0$（表示學習的效果相同），對立假設 H_1：並非所有的 τ_j 都相等（表示學習的效果不完全相同）。

2. 計算各種變異數：

教導方式 受試者	A	B	C	
1	7	8	10	
2	8	9	11	
3	9	10	12	
4	10	10	13	
5	11	12	14	
合計	45	49	60	154
平均	9	9.8	12	10.27

$$SS_t = \sum_{j=1}^{k} \sum_{i=1}^{n_j} x_{ij}^2 - T_{..}^2 / N = (7^2 + 8^2 + \cdots + 12^2 + 14^2) - \frac{154^2}{15} = 52.93$$

$$SS_b = \sum_{j=1}^{k} T_{.j}^{\,2} / n_j - T_{..}^{\,2} / N = \frac{45^2 + 49^2 + 60^2}{5} - \frac{154^2}{15} = 24.13$$

$$SS_w = \sum_{j=1}^{k} \sum_{i=1}^{n_j} x_{ij}^2 - \sum_{j=1}^{k} T_{.j}^{\,2} / n_j = SS_t - SS_b = 52.93 - 24.13 = 28.8$$

3. 變異數分析表

單因子變異數分析表

變異來源	變異數	自由度	均方	F 值
因子（組間）	24.13	2	12.067	5.028
誤差（組內）	28.8	12	2.4	
總　和	52.93	14		

4. 作決策

由 F 分配表得知，$F_{(0.05,\,2,\,12)} = 3.89$。因為 $5.028 > 3.89$，所以，在 $\alpha = 0.05$ 之顯著水準下，拒絕 H_0。也就是說，學習效果會因教導方式的不同而有顯著性差異存在。

例題 2

四組復健病人接受不同治療方法一段時間後，測其療效分數如表所示，

(1) 試問在 $\alpha = 0.05$ 之顯著水準下，此些資料是否足以顯示治療的效果有所差異？

(2) 試問在 $\alpha = 0.01$ 之顯著水準下，此些資料是否足以顯示治療的效果有所差異？若有差異，試問哪兩組之間有差異？

治療方法 \ 受試者	I	II	III	IV
1	65	76	57	95
2	89	70	74	90
3	74	90	66	80
4	80	80	60	87
5	79	75	82	88
6	72	83	75	85

1. 建立假設：

虛無假設 H_0：$\mu_1 = \mu_2 = \cdots = \mu_4 = \mu$（表示不同治療方法的平均療效相同），

對立假設 H_1：並非所有的 μ_i 都相等（表示不同治療方法的平均療效不完全相同）。

或

虛無假設 H_0：$\tau_1 = \tau_2 = \cdots = \tau_4 = 0$（表示處理的效果相同），

對立假設 H_1：並非所有的 τ_j 都相等（表示處理的效果不完全相同）。

2. 計算各種變異數：

治療方法 受試者	I	II	III	IV	
1	65	76	57	95	
2	89	70	74	90	
3	74	90	66	80	
4	80	80	60	87	
5	79	75	82	88	
6	72	83	75	85	
合計	459	474	414	525	1872
平均	76.5	79	69.	87.5	78

$$SS_t = \sum_{j=1}^{k}\sum_{i=1}^{n_j} x_{ij}^2 - T_{..}^2/N = (65^2 + 89^2 + \cdots + 88^2 + 85^2) - \frac{1872^2}{24} = 2214$$

$$SS_b = \sum_{j=1}^{k} T_{.j}^2/n_j - T_{..}^2/N = \frac{459^2 + 474^2 + 414^2 + 525^2}{6} - \frac{1872^2}{24} = 1047$$

$$SS_w = \sum_{j=1}^{k}\sum_{i=1}^{n_j} x_{ij}^2 - \sum_{j=1}^{k} T_{.j}^2/n_j = SS_t - SS_b = 2214 - 1047 = 1167$$

3. 變異數分析表

單因子變異數分析表

變異來源	變異數	自由度	均方	F 值
因子（組間）	1047	3	349	5.98
誤差（組內）	1167	20	58.35	
總　和	2214	23		

4. 作決策

由 F 分配表得知，$F_{(0.05,\, 3,\, 20)} = 3.10$，$F_{(0.01,\, 3,\, 20)} = 4.94$。因為 5.98 > 3.10 且 5.98 > 4.94，所以，在 $\alpha = 0.05$ 及 $\alpha = 0.01$ 之顯著水準下，都拒絕 H_0。也就是說，在此情況下，不同治療方法的療效是不同的。

例題 3

今以前述之前三種事後多重比較法作比較，說明如下，在 $\alpha = 0.01$ 之顯著水準下，

(1) $\text{LSD} = t_{0.005,\, 20} \sqrt{58.35(1/6 + 1/6)} = 2.8453\sqrt{58.35(2/6)} = 12.55$

(2) $SSD = \sqrt{(4-1)F_{0.01,3,20}} \sqrt{58.35(1/6 + 1/6)}$

$\quad\quad = \sqrt{3 \times 4.94}\sqrt{58.35(2/6)} = 16.98$

(3) $\text{HSD} = q_{0.01,4,20}\sqrt{58.35/6} = 5.02\sqrt{58.35/6} = 15.65$

兩兩處理樣本間之平均數差

處理

		1	2	3	4
	1		2.5	7.5	11
處	2			10	8.5
理	3				18.5
	4				

由上表可知，第 3 組及第 4 組有顯著差異存在。此前三種之事後多重比較法的結果相同。

 例題4

研究五種刺激物(stimulants)對動物胰臟(pancreatic tissue)分泌胰島素(insulin)之影響，試問在 $\alpha = 0.05$ 之顯著水準下，這五種刺激物對動物胰臟之胰島素分泌是否有顯著差異？

受試者 \ 刺激物	I	II	III	IV	V
1	1.53	3.15	3.89	8.18	5.87
2	1.61	3.96	4.80	5.64	5.45
3	3.75	3.59	3.68	7.36	5.69
4	2.89	1.89	5.70	5.33	6.49
5	3.26	1.45	5.62	8.82	7.81
6	2.83	3.49	5.79	5.26	9.03
7	2.86	1.56	4.75	8.75	7.49
8	2.59	2.44	5.33	7.10	8.98

解

1. 建立假設：

虛無假設 H_0： $\mu_1 = \mu_2 = \cdots = \mu_5 = \mu$（表示因子效果相同），

對立假設 H_1：並非所有的 μ_i 都相等（表示因子效果不同）。

或

虛無假設 H_0： $\tau_1 = \tau_2 = \cdots = \tau_5 = 0$（表示處理的效果相同），

對立假設 H_1：並非所有的 τ_j 都相等（表示處理的效果不完全相同）。

計算各種變異數：

刺激物 受試者	I	II	III	IV	V	
1	1.53	3.15	3.89	8.18	5.87	
2	1.61	3.96	4.80	5.64	5.45	
3	3.75	3.59	3.68	7.36	5.69	
4	2.89	1.89	5.70	5.33	6.49	
5	3.26	1.45	5.62	8.82	7.81	
6	2.83	3.49	5.79	5.26	9.03	
7	2.86	1.56	4.75	8.75	7.49	
8	2.59	2.44	5.33	7.10	8.98	
合計	21.32	21.53	39.56	56.44	56.81	195.66
平均	2.66	2.69	4.94	7.06	7.10	4.89

$$SS_t = \sum_{j=1}^{k}\sum_{i=1}^{n_j} x_{ij}^2 - T_{..}^2 / N = (1.53^2 + 1.61^2 + \cdots + 7.49^2 + 8.98^2) - \frac{195.66^2}{40}$$

$$= 200.49$$

$$SS_b = \sum_{j=1}^{k} T_{.j}^2 / n_j - T_{..}^2 / N = \frac{21.32^2 + \cdots + 56.81^2}{8} - \frac{195.66^2}{40} = 154.92$$

$$SS_w = \sum_{j=1}^{k}\sum_{i=1}^{n_j} x_{ij}^2 - \sum_{j=1}^{k} T_{.j}^2 / n_j = SS_t - SS_b = 200.49 - 154.92 = 45.57$$

3. 變異數分析表

單因子變異數分析表

變異來源	變異數	自由度	均方	F 值
因　子（組間）	154.92	4	38.73	29.79
誤　差（組內）	45.57	35	1.30	
總　　和	200.49	39		

4. 作決策

由 F 分配表得知，$F_{(0.05, 4, 35)} \approx 2.65$，因為 $29.79 > 2.65$，所以，拒絕 H_0。表示此五種刺激物對動物胰臟之胰島素分泌有顯著性差異存在。

 例題5

承上例，此五組的平均數既不相同，試問哪兩組之間的平均數不同？

解

(1) 列出所有可能的平均數的差

(2) 計算 LSD（或 SSD, HSD, R_p）值，若平均數的差大於 LSD（或 SSD, HSD, R_p）值，則表示此兩組的平均數差有顯著差異存在。

$$LSD = t_{0.025,\,35}\sqrt{1.3(1/8+1/8)} = 2.0301\sqrt{1.3(2/8)} = 1.16$$

$$SSD = \sqrt{(5-1)F_{0.05,4,35}}\sqrt{1.3(1/8+1/8)} = \sqrt{4\times2.65}\sqrt{1.3(2/8)} = 1.86$$

$$HSD = q_{0.05,5,35}\sqrt{1.3/8} = 4.07\sqrt{1.3/8} = 1.64$$

$$R_2 = r_{0.05}(2,35)\sqrt{1.3/8} = 2.875\sqrt{1.3/8} = 1.15$$

$$R_3 = r_{0.05}(3,35)\sqrt{1.3/8} = 3.025\sqrt{1.3/8} = 1.22$$

$$R_4 = r_{0.05}(4,35)\sqrt{1.3/8} = 3.11\sqrt{1.3/8} = 1.25$$

$$R_5 = r_{0.05}(5,35)\sqrt{1.3/8} = 3.185\sqrt{1.3/8} = 1.28$$

兩兩處理樣本間之平均數差

處理

		1	2	3	4	5
	1		0.03	2.28	4.40	4.44
處	2			2.25	4.37	4.41
理	3				2.12	2.16
	4					0.04
	5					

除了第 1 組及第 2 組、第 4 組及第 5 組外，在 $\alpha = 0.05$ 之顯著水準下，其他所有成對的平均數差均有顯著性差異存在。

9-2　二因子變異數分析

　　二因子變異數分析是指以兩個自變數（因子）來解釋反應變異來源的分析方法。二因子變異數分析的兩個因子（分別以 A、B 表示），其各個因子的水準個數分別為 m、n，則任何一個因子水準 i 與 j 的組合即為一種處理(treatment)。首先，本節所要探討的是 "無重複觀察值" 的二因子變異數分析，所以假設兩個因子之間的**交互作用**(interaction)不存在，主要目的是要檢定兩種主因子的效果(main effect)是否有顯著性差異存在。其次，再探討兩個因子之間交互作用存在的情況，此時除了檢定兩種主因子的效果之外，還要考慮兩個因子 A 和 B 的交互作用是否有影響。

一、交互作用不存在時

表 9.3　二因子實驗資料表（無重複觀察值）

因子 A	因子 B							合計	平均
	1	2	3	…	…	…	n		
1	x_{11}	x_{12}	x_{13}				x_{1n}	$T_{1.}$	$\bar{x}_{1.}$
2	x_{21}	x_{22}	x_{23}				x_{2n}	$T_{2.}$	$\bar{x}_{2.}$
⋮	⋮	⋮	⋮				⋮		
m	x_{m1}	x_{m2}	x_{m3}				x_{mn}	$T_{m.}$	$\bar{x}_{m.}$
合計	$T_{.1}$	$T_{.2}$	$T_{.3}$				$T_{.n}$		
平均	$\bar{x}_{.1}$	$\bar{x}_{.2}$	$\bar{x}_{.3}$				$\bar{x}_{.n}$		

　　檢定的步驟下：

1. 建立假設

假設因子 A 的第 i 個因子水準的平均效果為 τ_i，因子 B 的第 j 個因子水準的平均效果為 r_j，則統計假設有下列兩種：

(1) 檢定因子 A 效果是否相同。

　　虛無假設 H_0：$\tau_1 = \tau_2 = \cdots = \tau_m$（表示因子 A 效果相同），

　　對立假設 H_1：並非所有的 τ_i 都相等（表示因子 A 效果不完全相同）。

(2) 檢定因子 B 效果是否相同。

虛無假設 H_0：$r_1 = r_2 = \cdots = r_n$（表示因子 B 效果相同），

對立假設 H_1：並非所有的 r_j 都相等（表示因子 B 效果不完全相同）。

2. **計算各種變異數**：此時變異數的來源是來自於二個因子 A、B 和隨機誤差項

總變異　＝　因子 A 變異　＋　因子 B 變異　＋　隨機誤差變異

$$SS_t \quad = \quad SS_A \quad + \quad SS_B \quad + \quad SS_E$$

(1) SS_t (sum of square of total)

$$SS_t = \sum_{i=1}^{m}\sum_{j=1}^{n}x_{ij}^2 - (\sum_{i=1}^{m}\sum_{j=1}^{n}x_{ij})^2 \Big/ (mn)$$

(2) SS_A (sum of square due to factor A)

$$SS_A = \sum_{i=1}^{m}(\sum_{j=1}^{n}x_{ij})^2 / n - (\sum_{i=1}^{m}\sum_{j=1}^{n}x_{ij})^2 \Big/ (mn)$$

(3) SS_B (sum of square due to factor B)

$$SS_B = \sum_{j=1}^{n}(\sum_{i=1}^{m}x_{ij})^2 / m - (\sum_{i=1}^{m}\sum_{j=1}^{n}x_{ij})^2 \Big/ (mn)$$

(4) SS_E (sum of square of error)

$$SS_E = SS_t - SS_A - SS_B$$

3. **計算各種自由度**

(1) SS_t 的自由度為　$mn - 1$

(2) SS_A 的自由度為　$m - 1$

(3) SS_B 的自由度為　$n - 1$

(4) SS_E 的自由度為　$(m-1)(n-1)$

4. **計算各種均方** (mean of square)

(1) $MS_A = SS_A / (m-1)$

(2) $MS_B = SS_B / (n-1)$

(3) $MS_E = SS_E / [(m-1)(n-1)]$

5. **計算 F 值**

(1) $F_A = MS_A / MS_E \sim F(m-1, \ (m-1)(n-1))$

(2) $F_B = MS_B / MS_E \sim F(n-1, \ (m-1)(n-1))$

6. **查表找 F 臨界值**

若顯著水準為 α ，則由 F 分配表，找出臨界值 $F_{(\alpha,\,m-1,\,(m-1)(n-1))}$ 及 $F_{(\alpha,\,n-1,\,(m-1)(n-1))}$

(1) 當 $F_A > F_{(\alpha,\,m-1,\,(m-1)(n-1))}$ 時，拒絕 H_0 ，表示因子 A 各處理的平均效果有顯著性差異存在。反之則接受 H_0 。

(2) 當 $F_B > F_{(\alpha,\,n-1,\,(m-1)(n-1))}$ 時，拒絕 H_0 ，表示因子 B 各處理的平均效果有顯著性差異存在。反之則接受 H_0 。

表 9.4　二因子變異數分析表

變異來源	變異數	自由度	均方	F 值
因子 A	SS_A	$m-1$	MS_A	$F_A = MS_A / MS_E$
因子 B	SS_B	$n-1$	MS_B	$F_B = MS_B / MS_E$
誤差	SS_E	$(m-1)(n-1)$	MS_E	
總和	SS_t	$mn-1$		

 例題 6

某醫院想瞭解該院護理人員的平均工作績效是否因教育背景及年資的不同而有差異存在。調查結果如下：

教育背景＼服務年資	高職	大學	研究所
$0 \sim 1$	69	72	82
$1 \sim 2$	72	78	83
$2 \sim 3$	81	81	84

試以 $\alpha = 0.05$ 之顯著水準，檢定下列問題：

(a) 是否服務年資不同對平均工作績效有影響？

(b) 是否教育背景不同對平均工作績效有影響？

解

(1) 建立假設

(a) 檢定服務年資不同對平均工作績效是否有影響。

虛無假設 H_0 ：$\tau_1 = \tau_2 = \tau_3$（表示服務年資不同對平均工作績效沒有影響），

對立假設 H_1：並非所有的 τ_i 都相等（表示服務年資不同對平均工作績效有影響）。

(b) 檢定教育背景不同對平均工作績效是否有影響。

虛無假設 H_0：$r_1 = r_2 = r_3$（表示教育背景不同對平均工作績效沒有影響），

對立假設 H_1：並非所有的 r_j 都相等（表示教育背景不同對平均工作績效有影響）。

(2) 計算各種變異數

服務年資 ＼ 教育背景	高職	大學	研究所	合計
0～1	69	72	82	223
1～2	72	78	83	233
2～3	81	81	84	246
合計	222	231	249	702

$SS_t = (69^2 + 72^2 + \cdots + 83^2 + 84^2) - 702^2 / 9 = 248$

$SS_A = (223^2 + 233^2 + 246^2)/3 - 702^2 /9 = 88.67$

$SS_B = (222^2 + 231^2 + 249^2)/3 - 702^2 /9 = 126$

$SS_E = (248 - 88.67 - 126) = 33.33$

(3) 二因子變異數分析表

變異來源	變異數	自由度	均方	F 值
服務年資因子	88.67	2	44.33	5.32
教育背景因子	126	2	63	7.56
誤差	33.33	4	8.33	
總和	248	8		

(4) 查表找 F 臨界值

顯著水準 $\alpha = 0.05$，由 F 分配表，得知臨界值 $F_{(0.05,2,4)} = 6.94$。

(5) 由於 $F_A = 5.32 < F_{(0.05,2,4)} = 6.94$，所以此檢定不能拒絕虛無假設 H_0，即服務年資對平均工作績效沒有顯著性差異。而 $F_B = 7.56 > F_{(0.05,2,4)} = 6.94$，所以此檢定可以拒絕虛無假設 H_0，即教育背景對平均工作績效有顯著性差異存在。

例題 7

某復健師想瞭解不同年齡層者，在不同教導方式下，學會使用某種復健器材所需的平均時間（單位：天）是否有所差異，經過一段時間的觀察記錄，得到如下的結果。試以 $\alpha = 0.05$ 之顯著水準，檢定下列問題：

(a) 是否年齡層不同對學習所需的平均時間有影響？

(b) 是否教導方式不同對學習所需的平均時間有影響？

教導方式 年齡層	A	B	C
20 歲以下	16	20	15
20 歲～30 歲	19	21	17
30 歲～40 歲	22	24	16
40 歲～50 歲	26	25	22

解

(1) 建立假設

　(a) 檢定年齡層不同對學習所需的平均時間是否有影響。

　　　虛無假設 H_0：$\tau_1 = \tau_2 = \tau_3 = \tau_4$（表示年齡層不同對學習所需的平均時間沒有影響），

　　　對立假設 H_1：並非所有的 τ_i 都相等（表示年齡層不同對學習所需的平均時間有影響）。

　(b) 檢定教導方式不同對學習所需的平均時間是否有影響。

　　　虛無假設 H_0：$r_A = r_B = r_C$（表示教導方式對學習所需的平均時間沒有影響），

　　　對立假設 H_1：並非所有的 r_j 都相等（表示教導方式不同對學習所需的平均時間有影響）。

(2)計算各種變異數

教導方式 年齡層	A	B	C	合計
20 歲以下	16	20	15	51
20 歲～30 歲	19	21	17	57
30 歲～40 歲	22	24	16	62
40 歲～50 歲	26	25	22	73
合計	83	90	70	243

$$SS_t = (16^2 + 19^2 + \cdots + 16^2 + 22^2) - 243^2/12 = 152.25$$

$$SS_A = (51^2 + 57^2 + 62^2 + 73^2)/4 - 243^2/12 = 86.92$$

$$SS_B = (83^2 + 90^2 + 70^2)/4 - 243^2/12 = 51.5$$

$$SS_E = (152.25 - 86.92 - 51.5) = 13.83$$

(3) 二因子變異數分析表

變異來源	變異數	自由度	均方	F 值
年齡層因子	86.92	3	28.97	12.57
教導方式因子	51.5	2	25.75	11.17
誤差	13.83	6	2.306	
總和	152.25	11		

(4) 查表找 F 臨界值

顯著水準 $\alpha = 0.05$，由 F 分配表，得知臨界值 $F_{(0.05,3,6)} = 4.76$ 及 $F_{(0.05,2,6)} = 5.14$。

(5) 由於 $F_A = 12.57 > F_{(0.05,3,6)} = 4.76$，$F_B = 11.17 > F_{(0.05,2,6)} = 5.14$，所以此兩種檢定都拒絕虛無假設 H_0，即年齡層不同及教導方式不同對學習所需的平均時間都有影響。

例題 8

某農業試驗所以五種不同品種的稻穀與三種不同成分的肥料測試產量是否會有差異存在。根據品種及肥料成分得到下列產量（公升）：

肥料成分 / 稻穀品種	B_1	B_2	B_3
A_1	24	31	28
A_2	26	34	30
A_3	24	32	26
A_4	25	30	27
A_5	27	30	29

試以 $\alpha = 0.05$ 之顯著水準，檢定下列問題：

(a) 是否稻穀品種不同對產量有影響？

(b) 是否肥料成分不同對產量有影響？

解

(1) 建立假設

(a) 核定稻穀品種不同對產量是否有影響。

虛無假設 H_0： $\tau_{A_1} = \tau_{A_2} = \tau_{A_3} = \tau_{A_4} = \tau_{A_5}$（表示稻穀品種不同對產量沒有影響），

對立假設 H_1： 並非所有的 τ_{A_i} 都相等（表示稻穀品種不同對產量有影響）。

(b) 檢定肥料成分不同對產量是否有影響。

虛無假設 H_0： $r_{B_1} = r_{B_2} = r_{B_3}$（表示肥料成分不同對產量沒有影響），

對立假設 H_1： 並非所有的 r_{B_j} 都相等（表示肥料成分不同對產量有影響）。

(2) 計算各種變異數

肥料成分 / 稻穀品種	B_1	B_2	B_3	合計
A_1	24	31	28	83
A_2	26	34	30	90
A_3	24	32	26	82
A_4	25	30	27	82
A_5	27	30	29	86
合計	126	157	140	423

$$SS_t = (24^2 + 26^2 + \cdots + 27^2 + 29^2) - 423^2/15 = 124.4$$

$$SS_A = (83^2 + 90^2 + 82^2 + 82^2 + 86^2)/3 - 423^2/15 = 15.73$$

$$SS_B = (126^2 + 157^2 + 140^2)/5 - 423^2/15 = 96.4$$

$$SS_E = (124.4 - 15.73 - 96.4) = 12.27$$

(3) 二因子變異數分析表

變異來源	變異數	自由度	均方	F 值
品種因子	15.73	4	3.93	2.56
肥料因子	96.4	2	48.2	31.5
誤差	12.27	8	1.53	
總和	124.4	14		

(4) 查表找 F 臨界值

顯著水準 $\alpha = 0.05$，由 F 分配表，得知臨界值 $F_{(0.05,4,8)} = 3.84$ 及 $F_{(0.05,2,8)} = 4.46$。

(5) 由於 $F_A = 2.56 < F_{(0.05,4,8)} = 3.84$，所以此檢定不能拒絕虛無假設 H_0，即稻穀品種對稻穀產量的影響效果不顯著。而 $F_B = 31.5 > F_{(0.05,2,8)} = 4.46$，所以此檢定可以拒絕虛無假設 H_0，即肥料成分對稻穀產量的影響效果有顯著性差異存在。

二、交互作用存在時

表 9.5 二因子實驗資料表（有重複觀察值）

因子 A	因子 B							合計	平均
	1	2	3	⋯	⋯	⋯	n		
1	$x_{1,11}$	$x_{1,21}$	$x_{1,31}$				$x_{1,n1}$	$T_{1.}$	$\bar{x}_{1.}$
	$x_{1,12}$	$x_{1,21}$	$x_{1,32}$				$x_{1,n2}$		
	⋮	⋮	⋮				⋮		
	⋮	⋮	⋮				⋮		
	$x_{1,1l}$	$x_{1,2l}$	$x_{1,3l}$				$x_{1,nl}$		
2	$x_{2,11}$	$x_{2,21}$	$x_{2,31}$				$x_{2,n1}$	$T_{2.}$	$\bar{x}_{2.}$
	$x_{2,12}$	$x_{2,22}$	$x_{2,32}$				$x_{2,n2}$		
	⋮	⋮	⋮				⋮		
	⋮	⋮	⋮				⋮		
	$x_{2,1l}$	$x_{2,2l}$	$x_{2,3l}$				$x_{2,nl}$		
	⋮	⋮	⋮				⋮		
m	$x_{m,11}$	$x_{m,21}$	$x_{m,31}$				$x_{m,n1}$	$T_{m.}$	$\bar{x}_{m.}$
	$x_{m,12}$	$x_{m,22}$	$x_{m,32}$				$x_{m,n2}$		
	⋮	⋮	⋮				⋮		
	⋮	⋮	⋮				⋮		
	$x_{m,1l}$	$x_{m,2l}$	$x_{m,3l}$				$x_{m,nl}$		
合計	$T_{.1}$	$T_{.2}$	$T_{.3}$				$T_{.n}$		
平均	$\bar{x}_{.1}$	$\bar{x}_{.2}$	$\bar{x}_{.3}$				$\bar{x}_{.n}$		

檢定的方法如下：

1. 建立假設

假設因子 A 的第 i 個因子水準的平均效果為 τ_i，因子 B 的第 j 個因子水準的平均效果為 r_j，此時統計假設有下列三種：

(1) 檢定因子 A 效果是否相同。

　　虛無假設 H_0：$\tau_1 = \tau_2 = \cdots = \tau_m$（表示因子 A 效果相同），

　　對立假設 H_1：並非所有的 τ_i 都相等（表示因子 A 效果不完全相同）。

(2) 檢定因子 B 效果是否相同。

虛無假設 H_0：$r_1 = r_2 = \cdots = r_n$（表示因子 B 效果相同），
對立假設 H_1：並非所有的 r_j 都相等（表示因子 B 效果不完全相同）。

(3) 檢定交互作用是否存在。
虛無假設 H_0：因子 A 與因子 B 的交互作用不存在，
對立假設 H_1：因子 A 與因子 B 的交互作用存在。

2. **計算各種變異數**：此時變異數的來源是來自於因子 A、因子 B、因子 A 和因子 B 二個因子的交互作用及隨機誤差項。

總變異=因子 A 變異+因子 B 變異+A、B 二個因子交互作用變異+隨機誤差變異
$$SS_t = SS_A + SS_B + SS_{AB} + SS_E$$

(1) SS_t (sum of square of total)
$$SS_t = \sum_{i=1}^{m}\sum_{j=1}^{n}\sum_{k=1}^{l} x_{ijk}^2 - \left(\sum_{i=1}^{m}\sum_{j=1}^{n}\sum_{k=1}^{l} x_{ijk}\right)^2 \Big/ (mnl)$$

(2) SS_A (sum of square due to factor A)
$$SS_A = \sum_{i=1}^{m}\left(\sum_{j=1}^{n}\sum_{k=1}^{l} x_{ijk}\right)^2 /(nl) - \left(\sum_{i=1}^{m}\sum_{j=1}^{n}\sum_{k=1}^{l} x_{ijk}\right)^2 \Big/ (mnl)$$

(3) SS_B (sum of square due to factor B)
$$SS_B = \sum_{j=1}^{n}\left(\sum_{i=1}^{m}\sum_{k=1}^{l} x_{ijk}\right)^2 /(ml) - \left(\sum_{i=1}^{m}\sum_{j=1}^{n}\sum_{k=1}^{l} x_{ijk}\right)^2 \Big/ (mnl)$$

(4) SS_{AB} (sum of square due to factor A and B)
$$SS_{AB} = \sum_{i=1}^{m}\sum_{j=1}^{n}\left(\sum_{k=1}^{l} x_{ijk}\right)^2 /l - \sum_{i=1}^{m}\left(\sum_{j=1}^{n}\sum_{k=1}^{l} x_{ijk}\right)^2 /(nl) - \sum_{j=1}^{n}\left(\sum_{i=1}^{m}\sum_{k=1}^{l} x_{ijk}\right)^2 /(ml)$$
$$+ \left(\sum_{i=1}^{m}\sum_{j=1}^{n}\sum_{k=1}^{l} x_{ijk}\right)^2 \Big/ (mnl)$$

(5) SS_E (sum of square of error)
$$SS_E = SS_t - SS_A - SS_B - SS_{AB}$$

3. **計算各種自由度**
(1) SS_t 的自由度為　$mnl - 1$
(2) SS_A 的自由度為　$m - 1$
(3) SS_B 的自由度為　$n - 1$
(4) SS_{AB} 的自由度為　$(m - 1)(n - 1)$
(5) SS_E 的自由度為　$mn(l - 1)$

4. **計算各種均方 (mean of square)**

(1) $MS_A = SS_A / (m-1)$

(2) $MS_B = SS_B / (n-1)$

(3) $MS_{AB} = SS_{AB} / [(m-1)(n-1)]$

(4) $MS_E = SS_E / [mn(l-1)]$

5. **計算 F 值**

(1) $F_A = MS_A / MS_E \sim F(m-1, \quad mn(l-1))$

(2) $F_B = MS_B / MS_E \sim F(n-1, \quad mn(l-1))$

(3) $F_{AB} = MS_{AB} / MS_E \sim F((m-1)(n-1), \quad mn(l-1))$

6. **查表找 F 臨界值**

若顯著水準為 α，則由 F 分配表，找出臨界值 $F_{(\alpha, m-1, mn(l-1))}$、$F_{(\alpha, n-1, mn(l-1))}$ 及 $F_{(\alpha, (m-1)(n-1), mn(l-1))}$

(1) 當 $F_A > F_{(\alpha, m-1, mn(l-1))}$ 時，拒絕 H_0，表示因子 A 各處理的平均效果有顯著性差異存在。反之則接受 H_0。

(2) 當 $F_B > F_{(\alpha, n-1, mn(l-1))}$ 時，拒絕 H_0，表示因子 B 各處理的平均效果有顯著性差異存在。反之則接受 H_0。

(3) 當 $F_{AB} > F_{(\alpha, (m-1)(n-1), mn(l-1))}$ 時，拒絕 H_0，表示因子 A 與因子 B 的交互作用存在。反之則接受 H_0。

表 9.6　二因子變異數分析表

變異來源	變異數	自由度	均方	F 值
因子 A	SS_A	$m-1$	MS_A	$F_A = MS_A / MS_E$
因子 B	SS_B	$n-1$	MS_B	$F_B = MS_B / MS_E$
交互作用	SS_{AB}	$(m-1)(n-1)$	MS_{AB}	$F_{AB} = MS_{AB} / MS_E$
誤差	SS_E	$mn(l-1)$	MS_E	
總和	SS_t	$mnl-1$		

 例題 9

某復健師想瞭解不同性別患者，在不同教導方式下，學會使用某種復健器材所需的時間（單位：分）是否有所差異，記錄三日來所需的時間，得到如下的結果。

教導方式 性 別	I	II	III
男性	56, 23, 35	43, 25, 16	48, 52, 74
女性	16, 14, 27	58, 62, 84	15, 14, 22

試以 $\alpha = 0.05$ 之顯著水準，對這組資料作一些檢定與結論。是否患者性別不同及教導方式不同對所需的時間有差異？

解

(1) 建立假設

   (a) 檢定性別不同對其所的時間是否有影響。

      虛無假設 H_0：$\tau_1 = \tau_2$（表示性別不同對其所需的學習時間沒有差異）

      對立假設 H_1：$\tau_1 \neq \tau_2$（表示性別不同對其所需的學習時間有差異）。

   (b) 檢定教導方式不同對其所需的時間是否有影響。

      虛無假設 H_0：$r_I = r_{II} = r_{III}$（表示教導方式不同對其所需的學習時間沒有差異），

      對立假設 H_1：並非所有的 r_j 都相等（表示教導方式不同對其所需的學習時間有差異）。

   (c) 檢定性別因子與教導方式因子之間的交互作用是否存在。

      虛無假設 H_0：性別與教導方式沒有交互作用存在，

      對立假設 H_1：性別與教導方式有交互作用存在。

(2) 計算各種變異數

教導方式 / 性 別	I	II	III	合計
男性	56, 23, 35(114)	43, 25, 16(84)	48, 52, 74(174)	372
女性	16, 14, 27(57)	58, 62, 84(204)	15, 14, 22(51)	312
合計	171	288	225	684

$$SS_t = (56^2 + 23^2 + \cdots + 14^2 + 22^2) - 684^2/18 = 8462$$

$$SS_A = (372^2 + 312^2)/9 - 684^2/18 = 200$$

$$SS_B = (171^2 + 288^2 + 225^2)/6 - 684^2/18 = 1143$$

$$SS_{AB} = (114^2 + 84^2 + 174^2 + 57^2 + 204^2 + 51^2)/3 - (372^2 + 312^2)/9$$
$$- (171^2 + 288^2 + 225^2)/6 + 684^2/18 = 5263$$

$$SS_E = (8462 - 200 - 1143 - 5263) = 1856$$

(3) 二因子變異數分析表

變異來源	變異數	自由度	均方	F 值
性別因子	200	1	200	1.293
教導方式因子	1143	2	571.5	3.695
交互作用	5263	2	2631.5	17.014
誤差	1856	12	154.67	
總和	8462	17		

(4) 查表找 F 臨界值

顯著水準 $\alpha = 0.05$，由 F 分配表，得知臨界值 $F_{(0.05,1,12)} = 4.75$ 及 $F_{(0.05,2,12)} = 3.89$。

(5) (a) 由於 $F_A = 1.293 < F_{(0.05,1,12)} = 4.75$，所以接受虛無假設 H_0，即性別不同對其所需的學習時間沒有顯著性差異。

(b) 由於 $F_B = 3.695 < F_{(0.05,2,12)} = 3.89$，所以接受虛無假設 H_0，即教導方式不同對其所需的學習時間沒有顯著性差異。

(c) 由於 $F_{AB} = 17.014 > F_{(0.05,2,12)} = 3.89$，所以拒絕虛無假設 H_0，即性別因子與教導方式因子的交互作用存在。

 例題 10

某護理長想瞭解公衛護士的訪視時間，是否因訪視對象年齡層的不同及公衛護士的年資不同而有所差異，經過一段時間的觀察記錄，得到如下的結果。（單位：分）

年齡層＼年資	1~3 年	3~5 年	5~7 年
老年人	130,155,74,180	150,188,140,126	138,110,168,160
中年人	30,44,80,75	136,122,106,115	174,120,150,139
年輕人	20,70,82,58	25,70,58,45	96,104,82,60

試以 $\alpha = 0.05$ 之顯著水準，對這組資料作一些檢定與結論。是否年齡層不同及年資不同對訪視的時間有影響？

解

(1) 建立假設

(a) 檢定年齡層不同對訪視的時間是否有影響。

　　虛無假設 H_0： $\tau_1 = \tau_2 = \tau_3$ （表示年齡層不同對訪視所需的時間沒有影響）

　　對立假設 H_1： 並非所有的 τ_i 都相等（表示年齡層不同對訪視所需的時間有影響）。

(b) 檢定年資不同對訪視所需的時間是否有影響。

　　虛無假設 H_0： $r_{I} = r_{II} = r_{III}$ （表示年資不同對訪視所需的時間沒有影響），

　　對立假設 H_1： 並非所有的 r_j 都相等（表示年資不同對訪視所需的時間有影響）。

(c) 檢定年齡層因子與年資因子是否有交互作用存在。

　　虛無假設 H_0： 年齡層與年資沒有交互作用存在，

　　對立假設 H_1： 年齡層與年資有交互作用存在。

(2) 計算各種變異數

年齡層 ＼ 年資	1~3 年	3~5 年	5~7 年	合計
老年人	130,155,74,180 (539)	150,188,140,126 (604)	138,110,168,160 (576)	1719
中年人	30,44,80,75 (229)	136,122,106,115 (479)	174,120,150,139 (583)	1291
年輕人	20,70,82,58 (230)	25,70,58,45 (198)	96,104,82,60 (342)	770
合計	998	1281	1501	3780

$SS_t = (130^2 + 155^2 + \cdots + 82^2 + 60^2) - 3780^2/36 = 76046$

$SS_A = (1719^2 + 1291^2 + 770^2)/12 - 3780^2/36 = 37645.17$

$SS_B = (998^2 + 1281^2 + 1501^2)/12 - 3780^2/36 = 10597.17$

$SS_{AB} = (539^2 + 604^2 + \cdots + 198^2 + 342^2)/4$

$\qquad -37645.17 - 10597.17 - 3780^2/36$

$\qquad = 9345.67$

$SS_E = (76046 - 37645.17 - 10597.17 - 9345.67) = 18457.99$

(3) 二因子變異數分析表

變異來源	變異數	自由度	均方	F 值
年齡層因子	37645.17	2	18822.58	27.53
年資因子	10597.17	2	5298.58	7.75
交互作用	9345.67	4	2336.42	3.42
誤差	18457.99	27	683.63	
總和	76046	35		

(4) 查表找 F 臨界值

顯著水準 $\alpha = 0.05$，由 F 分配表，得知臨界值 $F_{(0.05,2,27)} = 3.35$ 及 $F_{(0.05,4,27)} = 2.73$。

(5) (a) 由於 $F_A = 27.53 > F_{(0.05,2,27)} = 3.35$，所以拒絕虛無假設 H_0，即年齡層不同對訪視所需的時間有影響。

   (b) 由於 $F_B = 7.75 > F_{(0.05,2,27)} = 3.35$，所以拒絕虛無假設 H_0，即年資不同對訪視所需的時間有影響。

   (c) 由於 $F_{AB} = 3.42 > F_{(0.05,4,27)} = 2.73$，所以拒絕虛無假設 H_0，即年齡層因子與年資因子的交互作用存在。

9-3 EXCEL 與變異數分析

■ 9-3-1 單因子變異數分析

 例題 11

某復健師想要了解，病人利用拐杖學習走路所需的時間（單位：天），是否因教導的方式不同而有所差異，他隨機選取五個病人做研究，得到的結果如下：

教導方式		
A	B	C
7	8	10
8	9	11
9	10	12
10	10	13
11	12	14

根據上述資料，是否可判定學習效果的確因教學方式不同，而有所差異。

解

H_0：學習效果沒有差別($\mu_A = \mu_B = \mu_C$)

H_1：學習效果因教導方式不同而有所差異

步驟 1：將資料輸入到儲存格範圍 A1：C6。

步驟 2：選【資料／資料分析】，在視窗【資料分析】下，選取【單因子變異數分析】，按【確定】。

步驟 3： 輸入

　　輸入範圍： A1：C6（即使各組資料數不同，選一能涵
　　　　　　　蓋資料的最小矩形範圍）

　　分組方式： ⊙逐欄

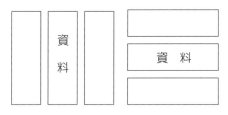

（逐 欄）　　　（逐 列）

☑類別軸標記在第一列上(L)　（各組名稱）

α(A)：0.05　（顯著水準）

按【確定】

單因子變異數分析

摘要

組	個數	總和	平均	變異數
A	5	45	9	2.5
B	5	49	9.8	2.2
C	5	60	12	2.5

ANOVA

變源	SS	自由度	MS	F	P-值	臨界值
組間	24.13333	2	12.06667	5.027778	0.025941	3.885294
組內	28.8	12	2.4			
總和	52.93333	14				

因為檢定值 F=5.027778 大於臨界值 3.885294，所以拒絕 H_0。

■ 9-3-2　二因子變異數分析

例題 12

隨機選取某一段時間內三台自動販賣機的銷售數量如下：

飲料 ＼ 販賣機	1	2	3
咖啡	22	24	16
汽水	26	25	22
紅茶	19	21	17
運動飲料	16	20	15

在 α =0.05 下，檢定不同的販賣機及不同的飲料之間的銷售量有無顯著差異？

解

步驟 1：將資料輸入到儲存格範圍 A1：D5。

步驟 2：選【資料／資料分析】，在視窗【資料分析】下，選取【雙因子變異數分析：無重複試驗】，按【確定】。

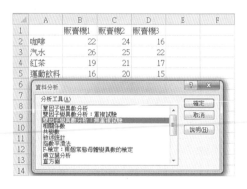

步驟 3：輸入

輸入範圍：A1：D5。

☑標記

α(A)：0.05　　（顯著水準）

按【確定】

▲	A	B	C	D	E	F	G
1	雙因子變異數分析：無重複試驗						
2							
3	摘要	個數	總和	平均	變異數		
4	咖啡	3	62	20.66667	17.33333		
5	汽水	3	73	24.33333	4.333333		
6	紅茶	3	57	19	4		
7	運動飲料	3	51	17	7		
8							
9	販賣機1	4	83	20.75	18.25		
10	販賣機2	4	90	22.5	5.666667		
11	販賣機3	4	70	17.5	9.666667		
12							
13							
14	ANOVA						
15	變源	SS	自由度	MS	F	P-值	臨界值
16	列	86.91667	3	28.97222	12.56627	0.005362	4.757063
17	欄	51.5	2	25.75	11.16867	0.009492	5.143253
18	錯誤	13.83333	6	2.305556			
19							
20	總和	152.25	11				

因為列的 F 值為 12.56627 大於臨界值 4.757055，所以不同的飲料之間的銷售量有顯著性差異。欄的 F 值為 11.16867 大於臨界值 5.143249，所以不同的販賣機之間的銷售量亦有顯著性差異。

例題 13

某復健師想瞭解不同性別患者，在不同教導方式下，學會使用某種復健器材所需的時間（單位：分）是否有所差異，記錄三日來所需的時間，得到如下的結果。

教導方式　性別	I	II	III
男性	56, 23, 35	43, 25, 16	48, 52, 74
女性	16, 14, 27	58, 62, 84	15, 14, 22

試以 $\alpha = 0.05$ 之顯著水準，對這組資料作一些檢定與結論。是否患者性別不同及教導方式不同對所需的時間有差異？

🈶

步驟 1：將資料輸入到儲存格範圍 A1：D7。

步驟 2：選【資料／資料分析】，在視窗【資料分析】下，選取【雙
因子變異數分析：重複試驗】，按【確定】。

步驟 3：輸入

輸入範圍：A1：D7。

每一樣本的列數：3

α(A)：0.05 （顯著水準）

按【確定】

	A	B	C	D	E	F	G
1	雙因子變異數分析：重複試驗						
2							
3	摘要	I	II	III	總和		
4	男性						
5	個數	3	3	3	9		
6	總和	114	84	174	372		
7	平均	38	28	58	41.33333		
8	變異數	279	189	196	341		
9							
10	女性						
11	個數	3	3	3	9		
12	總和	57	204	51	312		
13	平均	19	68	17	34.66667		
14	變異數	49	196	19	691.75		
15							
16	總和						
17	個數	6	6	6			
18	總和	171	288	225			
19	平均	28.5	48	37.5			
20	變異數	239.5	634	590.3			
21							
22							
23	ANOVA						
24	變源	SS	自由度	MS	F	P-值	臨界值
25	樣本	200	1	200	1.293103	0.277674	4.747225
26	欄	1143	2	571.5	3.695043	0.056184	3.885294
27	交互作用	5263	2	2631.5	17.01401	0.000314	3.885294
28	組內	1856	12	154.6667			
29							
30	總和	8462	17				

(a) 由於 1.293<4.747，所以接受虛無假設 H_0，即性別不同對其所需的學習時間沒有顯著性差異。

(b) 由於 3.695<3.885，所以接受虛無假設 H_0，即教導方式不同對其所需的學習時間沒有顯著性差異。

(c) 由於 17.014>3.885，所以拒絕虛無假設 H_0，即性別因子與教導方式因子的交互作用存在。

習 題

1. 今有 15 名糖尿病患者，隨機分成 A、B、C 三組，每組 5 人，分別給予注射 P、Q、R 三種藥物，並測其飯前血糖值，結果如下：(mg/dL)

	A	B	C
1	151	155	156
2	153	153	154
3	152	151	153
4	148	149	149
5	146	147	148

試以 $\alpha = 0.05$ 之顯著水準，檢定不同的藥物注射是否有顯著性的差異？

2. 某藥商想知道三種藥物 P、Q、R 在降血壓上的效果。今有 15 名患者，隨機分成 A、B、C 三組，每組 5 人，分別給予三種藥物 P、Q、R 治療，在服用一個月後，測其血壓降低值，結果如下：(mmHg)

	A	B	C
1	11	10	10
2	10	14	11
3	8	13	8
4	9	12	9
5	12	11	12

試以 $\alpha = 0.05$ 之顯著水準，檢定不同的藥物治療是否有顯著性的差異？

3. 今選取患有某種癌症之病人若干名，隨機分成四組，分別以 A、B、C、D 四種方法治療，其存活年數如下：（年）

	A	B	C	D
1	9	6	4	3.5
2	8	7.5	5.5	1.5
3	7.5	10	6	2.5
4	8	8	4.5	4
5	9.5	6.5	5	3.5
6	8.5	9		3
7	7.5			3
8	6			

試以 $\alpha = 0.05$ 之顯著水準，檢定不同方法的治療效果是否有所差異？

4. 今從某醫院 A、B、C 三種疾病之眾多病患中，隨機抽取若干名，調查其初診年齡，結果如下，問該醫院 A、B、C 三種病人之初診年齡是否有所不同？（$\alpha = 0.05$）

	A	B	C
1	29	32	24
2	28	35	25
3	27	30	26
4	28	34	24
5	29	29	25
6	27		27
7			24

5. 某藥師想瞭解四種止痛藥的平均止痛時間是否因年齡層不同及藥物的不同而有差異存在。隨機選取一些患者，分別給予 A、B、C、D 四種止痛藥，測其平均止痛時間，結果如下表所示：（單位：秒）

年齡層	止痛藥			
	A	B	C	D
年輕人	5	10	15	12
中年人	10	12	18	15
老年人	15	18	22	16

試以 $\alpha = 0.05$ 之顯著水準，檢定

(1) 是否年齡層不同對患者的平均止痛時間有影響？

(2) 是否止痛藥不同對患者的平均止痛時間有影響？

6. 某復健師想瞭解不同性別患者，在不同教導方式下，學會使用某種復健器材所需的時間（單位：分）是否有所差異，記錄三日來所需的時間，得到如下的結果。

教導方式　　　　性　別	I	II	III
男性	45, 22, 50	45, 26, 19	34, 52, 76
女性	56, 47, 68	33, 47, 52	42, 55, 62

試以 $\alpha = 0.05$ 之顯著水準，對這組資料作一些檢定與結論。是否患者性別不同及教導方式不同對所需的時間有差異？

MEMO

CHAPTER 10

廻歸分析

BI◎STATISTICS

10-1 資料散佈圖與相關係數

10-2 單變數線性廻歸模式

10-3 單變數線性廻歸模式的推論統計

10-4 新觀察值的預測

10-5 殘差分析

10-6 EXCEL 與廻歸分析

10-1 資料散佈圖與相關係數

通常研究者在進行研究時，會對每一個研究的對象，進行多項變數的量測。例如，在做社區的公衛調查時，會對所要調查的個體，詢問其年齡、是否罹患某種疾病、是否對藥物的過敏、或其近日來的身體狀況，進而測量其身高、體重、血壓、視力等方面的發展情形。有了這些資料後，我們想知道所量測到的資料之間是否有關係存在，如身高與體重是否有關係？年齡與罹患某種疾病是否有關係？在統計學上，此關係，就稱為**相關**(correlation)，此即為統計相關(statistical relation)。而是否身高愈高，體重就愈重呢？是否年齡愈大，罹患某種疾病的可能性就愈高呢？相關的程度有多少呢？其相關程度的大小，稱為"**相關係數**"，以符號 r 表之。因此，欲瞭解兩個變數之間是否有關係，如智商與學業成績的關係，學歷與工作績效的關係等，這都屬於統計學上的相關問題。一般，當我們想瞭解兩個連續變數 X 與 Y 之間的關係，最直接的方法就是將兩種資料的數據，在坐標平面上以點標示出，此種圖示即為資料 X 與 Y 之**散佈圖**(scatter diagram)。由資料的散佈圖，我們可以看出 X 與 Y 這兩個變數之間呈現何種形式的分佈，約略可以看出它們之間的相關形式。如散佈圖約略呈直線的形式，則稱這兩個變數之間呈直線相關。若散佈圖約略呈曲線的形式，則稱這兩個變數之間呈曲線相關。

例題 1

資料散佈圖呈直線走向

某醫院提供了一份健保門診病患年齡和血壓的資料，如表 10.1 所示。

表 10.1　年齡和血壓的對應資料

年齡 X	43	48	56	61	67	70	74	80	62	73
血壓 Y	137	128	138	143	141	152	157	168	156	162

我們將年齡視為自變數放在 X 軸，血壓視為因變數放在 Y 軸，即 (X, Y) =（年齡，血壓）。則血壓與年齡所形成的散佈圖，如圖 10.1 所示。

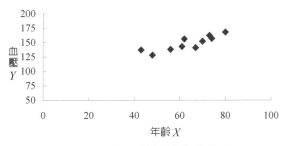

圖 10.1　血壓對年齡的散佈圖

由上圖可以看出，年齡和血壓的關係大略是呈直線偏右上走勢。

例題 2

資料散佈圖呈非直線走向

某醫院提供了一份以不同劑量的新藥（單位：mg）治療疾病 A，對於疾病 A 解除症狀持續所需時間（單位：分）的資料，如表 10.2 所示。

表 10.2　不同劑量和解除症狀持續時間的對應資料

不同劑量 X	1	1	2	2	3	3	4	4	5	5
持續時間 Y	8	9	5	6	3	4	6	8	7	10

我們將不同劑量視為自變數放在 X 軸，持續時間視為因變數放在 Y 軸，即 $(X, Y) =$（不同劑量，持續時間）。則持續時間與不同劑量所形成的散佈圖如圖 10.2 所示。

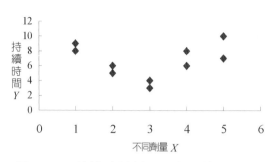

圖 10.2　持續時間對不同劑量的散佈圖

由上圖可以看出，不同劑量和解除症狀持續時間的對應資料呈非直線走向。

例題3

資料散佈圖呈無相關

某醫院提供了一份年齡與疾病 A 治癒所需時間（單位：日）的對應資料，如表 10.3 所示。

表 10.3　年齡和治癒所需時間的對應資料

年齡 X	12	23	32	17	26	35	42	51	37	48
治癒時間 Y	5	7	6	6	5	7	5	5	6	7

我們將年齡視為自變數放在 X 軸，治癒所需時間視為因變數放在 Y 軸，即 $(X, Y) = $（年齡，治癒所需時間）。則治癒所需時間與年齡所形成的散佈圖，如圖 10.3 所示。

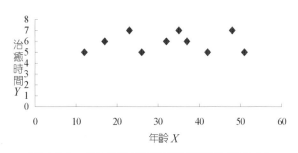

圖 10.3　治癒所需時間對年齡的散佈圖

由上圖可以看出，年齡和治癒所需時間的對應資料，幾近於一水平線，表示其間無任何關係存在。

一般而言，自然界任兩種現象一定有一種關係存在，即正相關、零相關、負相關。若散佈圖呈往右上走勢，則稱資料 X 與 Y 兩變數之間存在正相關，其相關係數 $r>0$。若散佈圖呈往右下走勢，則稱資料 X 與 Y 兩變數之間存在負相關，其相關係數 $r<0$。若散佈圖呈現一團或不規則的情況，則稱資料 X 與 Y 兩變數之間沒有相關或關係很小，其相關係數 $r=0$ 或很接近 0。當兩種現象沒有任何關聯時，即為零相關，或稱為統計無關。由圖 10.1 所示，我們知該組資料，年齡和血壓之間呈正相關，相關係數 $r>0$。

研究資料是否相關的第一步驟，就是將蒐集到的樣本資料 (x_i, y_i)，$i=1, 2, ..., n$, 用散佈圖表示出來。由散佈圖中我們可以約略看出資料 X 與 Y 之間的分佈情形，也可以隱約看出資料 X 與 Y 之關係。而由相關係數的大小，我們可以知道相關程度的強弱。相關係數的計算公式如下：

$$r = \frac{\sum_{i=1}^{n}(x_i - \overline{x})(y_i - \overline{y})}{\sqrt{\sum_{i=1}^{n}(x_i - \overline{x})^2 \sum_{i=1}^{n}(y_i - \overline{y})^2}} = \frac{\sum_{i=1}^{n} x_i y_i - (\sum_{i=1}^{n} x_i)(\sum_{i=1}^{n} y_i)/n}{\sqrt{[\sum_{i=1}^{n} x_i^2 - (\sum_{i=1}^{n} x_i)^2/n][\sum_{i=1}^{n} y_i^2 - (\sum_{i=1}^{n} y_i)^2/n]}}$$

其中 $\overline{x}$、$\overline{y}$ 分別為樣本資料 X 與 Y 之平均數，而 (x_i, y_i)，$i=1, 2, ..., n$, 為 X 與 Y 之樣本資料。此種相關係數，稱為皮爾森積差相關係數(Pearson product-moment correlation coefficient)，簡稱相關係數。當 $r>0$ 時，我們稱資料 X 與 Y 之間為正相關。當 $r=0$ 時，則稱資料 X 與 Y 之間為零相關，即沒有關係存在。當 $r<0$ 時，則稱資料 X 與 Y 之間為負相關。

例題4

由表 10.1 所示之資料，計算 Pearson 積差相關係數。

編號	X	Y	XY	X^2	Y^2
1	43	137	5891	1849	18769
2	48	128	6144	2304	16384
3	56	138	7728	3136	19044
4	61	143	8723	3721	20449
5	67	141	9447	4489	19881
6	70	152	10640	4900	23104
7	74	157	11618	5476	24649
8	80	168	13440	6400	28224
9	62	156	9672	3844	24336
10	73	162	11826	5329	26244
總和	634	1482	95129	41448	221084

解

$$\sum_{i=1}^{n}(x_i - \bar{x})(y_i - \bar{y}) = \sum_{i=1}^{n}x_i y_i - (\sum_{i=1}^{n}x_i)(\sum_{i=1}^{n}y_i)/n = 95129 - \frac{634 \times 1482}{10} = 1170.2$$

$$\sqrt{\sum_{i=1}^{n}(x_i - \bar{x})^2 \sum_{i=1}^{n}(y_i - \bar{y})^2} = \sqrt{[\sum_{i=1}^{n}x_i^2 - (\sum_{i=1}^{n}x_i)^2/n][\sum_{i=1}^{n}y_i^2 - (\sum_{i=1}^{n}y_i)^2/n]}$$

$$= \sqrt{(41448 - \frac{634^2}{10})(221084 - \frac{1482^2}{10})} = 1348.3$$

$$r = \frac{1170.2}{1348.3} = 0.868$$

由於 $r > 0$，可知資料 X 與 Y 之間為正相關。也就是說，當年齡愈大，其血壓也就愈高。至於增加的量有多少，則可藉由迴歸模式之間的函數關係(functional relation)來作預測，此將於下一節中作說明。

另一種相關係數，稱為斯皮爾曼等級相關係數(Spearman rank correlation coefficient)，計算前須先將 X 與 Y 兩組資料分別由小到大加以排序，得到等級 r_{x_i} 和 r_{y_i} 後，利用等級數值來計算，其計算公式如下：

$$r_s = \frac{\sum_{i=1}^{n}(r_{x_i} - \overline{r_x})(r_{y_i} - \overline{r_y})}{\sqrt{\sum_{i=1}^{n}(r_{x_i} - \overline{r_x})^2 \sum_{i=1}^{n}(r_{y_i} - \overline{r_y})^2}} = \frac{\sum_{i=1}^{n}r_{x_i}r_{y_i} - (\sum_{i=1}^{n}r_{x_i})(\sum_{i=1}^{n}r_{y_i})/n}{\sqrt{[\sum_{i=1}^{n}r_{x_i}^2 - (\sum_{i=1}^{n}r_{x_i})^2/n][\sum_{i=1}^{n}r_{y_i}^2 - (\sum_{i=1}^{n}r_{y_i})^2/n]}}$$

其中 $\overline{r_x} = \sum_{i=1}^{n}r_{x_i}/n$，$\overline{r_y} = \sum_{i=1}^{n}r_{y_i}/n$。如果沒有相同的觀察值，則可計算每對樣本的等級差 $d_i = r_{x_i} - r_{y_i}$，$i = 1, 2, ..., n$，此時，相關係數的計算公式可簡化如下：

$$r_s = 1 - \frac{6\sum_{i=1}^{n}d_i^2}{n(n^2 - 1)} \quad 。$$

當樣本數很大時，Spearman 等級相關係數與 Pearson 積差相關係數非常接近，但 Spearman 等級相關係數比較不受離群值的影響。

 例題 5

由表 10.2 所示之資料，計算 Spearman 等級相關係數。

編號	X	Y	r_x	r_y	$r_x r_y$	r_x^2	r_y^2
1	1	8	1.5	7.5	11.25	2.25	56.25
2	1	9	1.5	9	13.5	2.25	81
3	2	5	3.5	3	10.5	12.25	9
4	2	6	3.5	4.5	15.75	12.25	20.25
5	3	3	5.5	1	5.5	30.25	1
6	3	4	5.5	2	11	30.25	4
7	4	6	7.5	4.5	33.75	56.25	20.25
8	4	8	7.5	7.5	56.25	56.25	56.25
9	5	7	9.5	6	57	90.25	36
10	5	10	9.5	10	95	90.25	100
總和	30	66	55	55	309.5	382.5	384

解

$$r_s = \frac{309.5 - \dfrac{55 \times 55}{10}}{\sqrt{\left(382.5 - \dfrac{55^2}{10}\right)\left(384 - \dfrac{55^2}{10}\right)}} = \frac{7}{\sqrt{80 \times 81.5}} = 0.087$$

例題6

由表 10.1 所示之資料，計算 Spearman 等級相關係數。

編號	X	Y	r_x	r_y	d_i	d_i^2
1	43	137	1	2	- 1	1
2	48	128	2	1	1	1
3	56	138	3	3	0	0
4	61	143	4	5	- 1	1
5	67	141	6	4	2	4
6	70	152	7	6	1	1
7	74	157	9	8	1	1
8	80	168	10	10	0	0
9	62	156	5	7	- 2	4
10	73	162	8	9	- 1	1
總和			55	55		14

解

由於此些資料沒有相同的觀察值，所以可用簡化的公式來計算 Spearman 等級相關係數。

$$r_s = 1 - \frac{6 \sum_{i=1}^{n} d_i^2}{n(n^2 - 1)} = 1 - \frac{6 \times 14}{10(10^2 - 1)} = 0.915$$

一般而言，樣本相關係數 r（或 r_s）是母體相關係數 ρ 的最佳點估計值，可以直接由 $\rho = r$（或 $\rho = r_s$）來表示，所以沒有區間估計值。當 ρ 接近 1 時，樣本相關係數 r 的抽樣分配呈左偏分佈；ρ 接近 -1 時，樣本相關係數 r 的抽樣分配呈右偏分佈；$\rho = 0$ 時，樣本相關係數 r 的抽樣分配呈對稱分佈，為一自由度 $n - 2$ 之 t 分配。而母體相關係數 ρ 是否等於 0，是我們所關切的問題，其統計假設為

$$H_0 : \rho = 0$$
$$H_1 : \rho \neq 0$$

為一雙尾的檢定，檢定統計量為 $t = r\sqrt{n-2} / \sqrt{1 - r^2}$。

 例題7

由表 10.1 所示之資料，以 $\alpha = 0.05$ 時之顯著水準，檢定母體相關係數 ρ 是否等於 0？

解

統計假設為

$$H_0 : \rho = 0$$
$$H_1 : \rho \neq 0$$

由表 10.1 所示資料可知 $r = 0.868$，檢定統計量 $t = r\sqrt{n-2}/\sqrt{1-r^2} = 0.868\sqrt{10-2}/\sqrt{1-0.868^2} = 4.944$，在 $\alpha = 0.05$ 之顯著水準下，查表得知 $t_{(0.025,\ 8)} = 2.306$，因為 $4.944 > 2.306$，所以拒絕 $H_0 : \rho = 0$ 之假設。

 例題8

由表 10.3 所示之資料，以 $\alpha = 0.05$ 時之顯著水準，檢定母體相關係數 ρ 是否等於 0？

解

統計假設為

$$H_0 : \rho = 0$$
$$H_1 : \rho \neq 0$$

由表 10.3 所示資料，可知 $r = 0.072$，檢定統計量 $t = r\sqrt{n-2}/\sqrt{1-r^2} = 0.072\sqrt{10-2}/\sqrt{1-0.072^2} = 0.204$，在 $\alpha = 0.05$ 之顯著水準下，查表得知 $t_{(0.025,\ 8)} = 2.306$，因為 $0.204 < 2.306$，所以不能拒絕 $H_0 : \rho = 0$ 之假設。

10-2　單變數線性迴歸模式

　　迴歸模式與相關係數都是在探討兩個變數之間的關係。但是在相關係數分析中，並沒有考慮到自變數與因變數之間的函數關係。在迴歸分析中，我們可建構一適當的迴歸模式，以數學方程式來表示變數之間的函數關係，此數學方程式稱為迴歸方程式。若因變數 Y 和自變數 X 之間有線性的函數關係存在，則此迴歸模式為**單變數線性迴歸**(simple linear regression)。若因變數 Y 和自變數 X 之間存在有非線性的函數關係，則為**單變數曲線迴歸**(simple nonlinear regression)。若自變數的個數不只一個（兩個或兩個以上），且因變數與自變數之間存在有線性的函數關係，則為**多元線性迴歸**（或線性複迴歸, multiple linear regression）。同理，若因變數與自變數之間存在有非線性的函數關係，則為**多元曲線迴歸**(或曲線複迴歸, multiple nonlinear regression)。就單變數線性迴歸模式而言，當我們判定兩個變數間的函數關係之後，我們便可根據迴歸方程式的建構方法，建立一迴歸方程式，再依此迴歸方程式來作系統分析與預測。以藥品銷售量和藥品廣告費用為例，若我們想知道花在藥品廣告上的費用與藥品銷售量的關係，則可藉由所建立的迴歸方程式來作預測，例如當我們投入 100 萬元的廣告費用後，銷售量將會有多少？此銷售量的多寡，即可由迴歸方程式中兩者之間的函數關係得知。

一、單變數線性迴歸模式的建立

　　單變數線性迴歸模式是由自變數 X 與因變數 Y 建構而成，此兩變數之間的關係，可以一直線方程式來表示，其關係式為：

$$y = \beta_0 + \beta_1 x$$

式中 β_0 為此直線的截距(intercept)，而 β_1 為此直線的斜率(slope)，其意義為當 x 變動一個單位時，y 的變動量為 β_1 單位。在迴歸分析中，若 x 與 y 之間的關係為一直線，則 x 與 y 的迴歸關係式為：

$$y_i = \beta_0 + \beta_1 x_i + \varepsilon_i, \qquad i = 1, 2, \ldots, n,$$

其中 (x_i, y_i) 為第 i 個樣本資料，β_0, β_1 為參數（常數值），ε_i 為第 i 個樣本的隨機誤差項。在對參數作估計及檢定時，我們須對迴歸模式作些基本的假設：

(1) 隨機誤差項 ε_i 是互相獨立的，且服從常態分配 $N(0, \sigma^2)$。

(2) X_i 為常數，且 Y_i 為常數項 $\beta_0 + \beta_1 X_i$ 與 ε_i 之和，故 Y_i 亦是互相獨立的，且服從常態分配 $N(\beta_0 + \beta_1 X_i, \sigma^2)$。

(3) ε_i 與 X_i 無關，即 $Cov(\varepsilon_i, X_i) = 0$。

由於迴歸參數 β_0, β_1 未知，所以必須利用樣本資料來估計，其值可由最小平方法(method of least squares)求得。最小平方法是說找出一條最適當的直線(the fitted line) $\hat{y} = b_0 + b_1 x$，此直線稱為迴歸直線，使得資料值 y_i 與所對應的直線上的 $\hat{y}_i$ 值的差異最小，其中 b_0、b_1 分別為 β_0、β_1 之估計值。所謂差異最小，我們指的是各個 y_i 與 $\hat{y}_i$ 的差距的平方總和為最小，此差距稱為殘差(residuals)，而差距的平方總和，稱為誤差平方和(sum of the square due to error)。

$$SSE = \sum_{i=1}^{n} e_i^2 = \sum_{i=1}^{n} (y_i - \hat{y}_i)^2 = \sum_{i=1}^{n} (y_i - b_0 - b_1 x_i)^2$$

也就是利用 n 個樣本資料值，找出 b_0、b_1，使得 SSE 為最小。b_0、b_1 之計算公式如下：

$$b_1 = \frac{\sum_{i=1}^{n} (x_i - \bar{x})(y_i - \bar{y})}{\sum_{i=1}^{n} (x_i - \bar{x})^2} = \frac{S_{xy}}{S_{xx}}$$

$$b_0 = \bar{Y} - b_1 \bar{X}$$

其中 $S_{xy} = \sum_{i=1}^{n} (x_i - \bar{x})(y_i - \bar{y}) = \sum_{i=1}^{n} x_i y_i - \frac{\sum_{i=1}^{n} x_i \sum_{i=1}^{n} y_i}{n}$

$$S_{xx} = \sum_{i=1}^{n} (x_i - \bar{x})^2 = \sum_{i=1}^{n} x_i^2 - \frac{(\sum_{i=1}^{n} x_i)^2}{n}$$

　　所求得之廻歸直線　$\hat{y} = b_0 + b_1 x$，即為未知母體廻歸直線　$y = \beta_0 + \beta_1 x$ 的估計式。

例題 9

今以表 10.1 所示資料為例，來說明線性廻歸模式係數的計算。

編號	X	Y	X^2	XY
1	43	137	1849	5891
2	48	128	2304	6144
3	56	138	3136	7728
4	61	143	3721	8723
5	67	141	4489	9447
6	70	152	4900	10640
7	74	157	5476	11618
8	80	168	6400	13440
9	62	156	3844	9672
10	73	162	5329	11826
總和	634	1482	41448	95129

$$S_{xy} = 95129 - \frac{634 \times 1482}{10} = 1170.2$$

$$S_{xx} = 41448 - \frac{634^2}{10} = 1252.4$$

$$b_1 = \frac{1170.2}{1252.4} = 0.934$$

$$\overline{X} = 63.4 \ , \ \overline{Y} = 148.2$$

$$b_0 = 148.2 - 0.934 \times 63.4 = 88.98$$

　　因此，廻歸直線方程式為　$\hat{Y} = 88.98 + 0.934X$。這條直線便代表了年齡與血壓之間的關係，當年齡增加一歲時，血壓就會增加 0.934 mmHg。若院方想知道當病患年齡為 65 歲時，其血壓值為何？此時就可利用此廻歸直線方程式來估計，其血壓的預測值為　$\hat{y} = 88.98 + 0.934 \times 65 = 149.69$。也就是說，當病患年齡為 65 歲時，其血壓值為 149.69 mmHg。

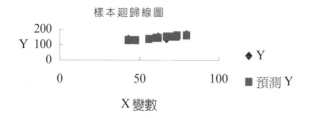

10-3 單變數線性廻歸模式的推論統計

一般而言，在線性廻歸分析中，大多數研究者的主要目的，是想瞭解期望的因變數 y，是否會隨著自變數 x 的變動而變動，也就是說，線性廻歸係數 β_1 是否為零。若 $\beta_1 = 0$，則表示自變數與因變數之間並無任何關係存在。以年齡與血壓之關係為例，若 $\beta_1 = 0$，則表示無論年齡如何改變，都不會對血壓產生作用。因此，院方必須另外尋求影響血壓改變的因素。是故，檢定"自變數與因變數之間彼此之間是否有線性廻歸關係存在"是一項很重要的工作。由於

$$y_i - \overline{y} = (\hat{y}_i - \overline{y}) + (y_i - \hat{y}_i)$$

將上式兩邊平方後，再將 n 個觀察值(observation)加總，化簡之，得

$$\sum_{i=1}^{n}(y_i - \overline{y})^2 = \sum_{i=1}^{n}(\hat{y}_i - \overline{y})^2 + \sum_{i=1}^{n}(y_i - \hat{y}_i)^2$$

由上式可知，因變數 Y 的變異（$i.e., \sum_{i=1}^{n}(y_i - \overline{y})^2$，稱為總變異，以 SST 或 S_{yy} 表示），來自於兩部份，一為由 X（$i.e., \sum_{i=1}^{n}(\hat{y}_i - \overline{y})^2$）所解釋的變異，這是廻歸模式所能解釋的變異（稱為廻歸變異，以 SSR 表示），另一則為由殘差項 ε（$i.e., \sum_{i=1}^{n}(y_i - \hat{y}_i)^2$）所造成的變異，這是不能被廻歸模式所解釋的變異（稱為殘差變異，以 SSE 表示）。因此，因變數 Y 的變異，可分成

(1) 由廻歸模式所解釋的變異　$SSR = \sum_{i=1}^{n}(\hat{y}_i - \overline{y})^2 = \dfrac{S_{xy}^2}{S_{xx}}$

(2) 由殘差項 ε 所造成的變異　$SSE = \sum_{i=1}^{n}(y_i - \hat{y}_i)^2 = S_{yy} - \dfrac{S_{xy}^2}{S_{xx}}$

其中 $S_{yy} = \sum_{i=1}^{n}(y_i - \overline{y})^2 = \sum_{i=1}^{n}y_i^2 - \dfrac{(\sum_{i=1}^{n}y_i)^2}{n}$

$S_{xx} = \sum_{i=1}^{n}(x_i - \overline{x})^2 = \sum_{i=1}^{n}x_i^2 - \dfrac{(\sum_{i=1}^{n}x_i)^2}{n}$

$S_{xy} = \sum_{i=1}^{n}(x_i - \overline{x})(y_i - \overline{y}) = \sum_{i=1}^{n}x_i y_i - \dfrac{\sum_{i=1}^{n}x_i \sum_{i=1}^{n}y_i}{n}$

在此迴歸模式中，各種變異之間的關係如下：

總平方和　＝　迴歸平方和　＋　殘差平方和
$$SST \quad = \quad SSR \quad + \quad SSE$$

此時，

$$r^2 = \frac{SSR}{SST} = 1 - \frac{SSE}{SST}$$

稱為判定係數(coefficient of determination)，也就是由 X 變數所能解釋的變異佔總變異的百分比，也是線性關係的強度。判定係數 r^2 值的範圍為：$0 \le r^2 \le 1$。當 r^2 值很接近 1 時，代表此迴歸直線是良好的配適直線；當 r^2 值很接近 0 時，我們僅能說此迴歸直線並不是此組資料的最佳配適直線，其直線關係可能是不適當的，此時，此組資料的關係有可能為曲線相關，亦有可能為零相關。而 $\sqrt{r^2} = \pm r$ 即為相關係數。

例題 10

今以表 10.1 之資料說明判定係數的計算：

$$SST = \sum_{i=1}^{n}y_i^2 - \frac{(\sum_{i=1}^{n}y_i)^2}{n} = 221084 - \frac{1482^2}{10} = 1451.6$$

$$SSR = \frac{S_{xy}^2}{S_{xx}} = \frac{1170.2^2}{1252.4} = 1093.4$$

$$SSE = S_{yy} - \frac{S_{xy}^2}{S_{xx}} = 1451.6 - \frac{1170.2^2}{1252.4} = 358.2$$

$$r^2 = \frac{1093.4}{1451.6} = 75.3\% \ \circ$$

也就是說，在此迴歸模式中，由年齡所引起的變異佔了總變異的 75.3%。

1. 線性迴歸係數 β_1 之檢定

單變數線性迴歸模式中，欲檢定迴歸係數 β_1 是否為零，可由兩種方法來達成，一為變異數分析法，另一為 t 檢定法。其統計假設為

$$H_0 : \beta_1 = 0$$
$$H_1 : \beta_1 \neq 0$$

(1) 變異數分析法

在單變數線性迴歸模式中，總變異 SST 的自由度為 $n-1$，迴歸變異 SSR 的自由度為 1，殘差變異 SSE 的自由度為 $n-2$，此些自由度符合加法性。

$$n-1 = 1 + (n-2)$$

若將平方和分別除以其對應的自由度，則為均方(mean square)。如 $SSR/1 = MSR$，稱為迴歸均方(mean square for regression)，$SSE/(n-2) = MSE$，稱為殘差均方(mean square for error)。檢定統計量為

$$F = \frac{MSR}{MSE}$$

當顯著水準為 α 時，若 $F > F_{(\alpha,\ 1,\ n-2)}$，則拒絕 H_0，即自變數與因變數之間有線性迴歸關係存在。

變異數分析表

變異來源	變異數	自由度	均方	F 值
迴歸	SSR	1	MSR	MSR/MSE
殘差	SSE	$n-2$	MSE	
總和	SST	$n-1$		

(2) t 檢定法

在單變數線性迴歸模式中，由於隨機誤差項 ε_i 服從常態分配 $N(0, \sigma^2)$，因此，σ^2 之不偏估計值為　$\hat{\sigma}^2 = SSE/(n-2) = MSE$，而 $\hat{\sigma}^2$ 之平方根 $\hat{\sigma}$，則稱為估計標準誤(estimated standard error)。此時斜率　b_1　之分配為一平均數　β_1，變異數為 MSE/S_{xx} 之　t 分配，其自由度為　$n-2$。檢定統計量為

$$t = \frac{b_1}{\sqrt{\dfrac{MSE}{S_{xx}}}}$$

當顯著水準為 α 時，若 $|t| > t_{(\alpha/2, n-2)}$，則拒絕　H_0，即自變數與因變數之間有線性迴歸關係存在。此時，

$$t^2 = \frac{b_1^2 S_{xx}}{MSE} = \frac{b_1 S_{xy}}{MSE} = \frac{MSR}{MSE} = F \text{。}$$

因此，想瞭解線性迴歸係數 β_1 是否為零，用變異數分析法或 t 檢定皆可。

2. 線性迴歸係數 β_0 之檢定

在單變數線性迴歸模式中，截距 b_0　之分配，則為一平均數　β_0，變異數為 $MSE(\dfrac{1}{n} + \dfrac{\bar{X}^2}{S_{xx}})$ 之　t 分配，自由度亦為　$n-2$。欲檢定截距　β_0 是否為零時，其統計假設為

$$H_0 : \beta_0 = 0$$
$$H_1 : \beta_0 \neq 0$$

檢定統計量為

$$t = \frac{b_0}{\sqrt{MSE(\frac{1}{n} + \frac{\overline{X}^2}{S_{xx}})}}$$

當顯著水準為 α 時，若 $|t| > t_{(\alpha/2, n-2)}$，則拒絕 H_0。

3. 區間估計

若信賴水準為 $100(1-\alpha)\%$，則

(1) β_1 之 $100(1-\alpha)\%$ 之信賴區間為 $b_1 \pm t_{(\frac{\alpha}{2}, n-2)} \sqrt{\frac{MSE}{S_{xx}}}$。

若信賴區間包含數值 0，則迴歸係數 β_1 可能是 0，也就是說，兩變數之間可能沒有線性關係存在。

(2) β_0 之 $100(1-\alpha)\%$ 之信賴區間為 $b_0 \pm t_{(\frac{\alpha}{2}, n-2)} \sqrt{MSE(\frac{1}{n} + \frac{\overline{X}^2}{S_{xx}})}$。

事實上，β_0 的推論，在實務上並不重要。

例題 11

以表 10.1 所示資料為例作說明。

1. 欲檢定迴歸係數 β_1 是否為零，統計假設為

$$H_0 : \beta_1 = 0$$
$$H_1 : \beta_1 \neq 0$$

(1) 變異數分析法

變異數分析表

變異來源	變異數	自由度	均方	F 值
迴歸	1093.4	1	1093.4	24.4
殘差	358.2	8	44.775	
總和	1451.6	9		

在 $\alpha = 0.05$ 時之顯著水準之下，查表得知　$F_{(0.05,\,1,\,8)} = 5.32$。因為 $24.4 > 5.32$，所以拒絕 $H_0 : \beta_1 = 0$ 之假設。即自變數與因變數之間有線性迴歸關係存在，年齡這項因子應該引入線性迴歸模式中。

(2) t 檢定法

檢定統計量為

$$t = \frac{0.934}{\sqrt{\dfrac{44.775}{1252.4}}} = 4.94$$

在 $\alpha = 0.05$ 時之顯著水準之下，查表得知　$t_{(0.025,\,8)} = 2.306$，因為 $4.94 > 2.306$，所以拒絕 $H_0 : \beta_1 = 0$ 之假設。此結果與變異數分析法的結果是相同的。

2. 欲檢定截距 β_0 是否為零，統計假設為

$$H_0 : \beta_0 = 0$$
$$H_1 : \beta_0 \neq 0$$

檢定統計量為

$$t = \frac{88.98}{\sqrt{44.775(\dfrac{1}{10} + \dfrac{63.4^2}{1252.4})}} = 7.31$$

在 $\alpha = 0.05$ 之顯著水準下，查表得知　$t_{(0.025,\,8)} = 2.306$，因為 $7.31 > 2.306$，所以拒絕 $H_0 : \beta_0 = 0$ 之假設。在此例中，β_0 不具任何重要性。當病患年齡為 0 歲時，血壓值為何，並無任何意義存在。

3. 區間估計

(1) 對斜率 β_1 而言，其 95% 之信賴區間為

$$0.934 \pm 2.306 \sqrt{\frac{44.775}{1252.4}} = 0.934 \pm 0.436$$

即 (0.498, 1.37) 為其 95% 之信賴區間。也就是說，我們有 95% 的把握，確信斜率 β_1 之值會落在 0.498 至 1.37 之間，或說，當年齡增加一歲時，血壓的增加量會介於 0.498 mmHg 至 1.37 mmHg 之間。

(2) 對截距 β_0 而言，其 95% 之信賴區間則為

$$88.98 \pm 2.306 \sqrt{44.775(\frac{1}{10} + \frac{63.4^2}{1252.4})} = 88.98 \pm 28.07$$

即 (60.91, 117.05) 為其 95% 之信賴區間。也就是說，我們有 95% 的把握，確信截距 β_0 之值會落在 60.91mmHg 至 117.05mmHg 之間。

10-4 新觀察值的預測

廻歸分析中最重要的目的之一，就是應用廻歸直線來預測對應於某一特定水準之自變數的期望反應值。例如，我們想要得知，當病患年齡為 x_g 歲時，血壓之預測值。此時，若欲對某特定之 x 值下之**平均**反應作預測，則採用 t 分配，自由度為 $n-2$，所求之 $100(1-\alpha)\%$ 之信賴區間之範圍為

$$\hat{y} \pm t_{(\alpha/2, \, n-2)} \sqrt{MSE(\frac{1}{n} + \frac{(x_g - \bar{x})^2}{S_{xx}})}$$

其中 $\hat{y} = b_0 + b_1 x_g$，x_g 為所給定的 x 值。而若是欲對某特定之 x 值下之某一**特定**反應作預測，則亦採用 t 分配，自由度為 $n-2$，所求之 $100(1-\alpha)\%$ 之信賴區間之範圍為

$$\hat{y} \pm t_{(\alpha/2, \, n-2)} \sqrt{MSE(1 + \frac{1}{n} + \frac{(x_g - \bar{x})^2}{S_{xx}})}$$

其中 $\hat{y} = b_0 + b_1 x_g$，x_g 為所給定的 x 值。此兩者是有區別的，前者是對所有母體在特定之 x_g 值下作預測，而後者是僅對單一個體在特定之 x_g 值下作預測，通常在預測單一反應的誤差會大於預測平均反應的誤差，相對地，所建立的信賴區間也就有所差異。

如表 10.1 所示資料及前節的計算得知，當病患年齡為 65 歲時，若院方想瞭解所有 65 歲病患的**平均**血壓值的預測範圍。由廻歸直線方程式

得知其血壓的預測值為　$\hat{y} = 88.98 + 0.934 \times 65 = 149.69$，則其 95% 之信賴區間為

$$149.69 \pm 2.306 \sqrt{44.775(\frac{1}{10} + \frac{(65 - 63.4)^2}{1252.4})} = 149.69 \pm 4.93$$

即 (144.76, 154.62) 為其 95% 之信賴區間。也就是說，我們有 95%的把握，確信當病患年齡為 65 歲時，其血壓值會落在 144.76 mmHg 至 154.62 mmHg 之間。

　　而若院方只想瞭解某一**特定**之 65 歲病患的血壓值的預測範圍，則其 95% 之信賴區間為

$$149.69 \pm 2.306 \sqrt{44.775(1 + \frac{1}{10} + \frac{(65 - 63.4)^2}{1252.4})} = 149.69 \pm 16.20$$

即 (133.49, 165.89) 為其 95% 之信賴區間。也就是說，我們有 95%的把握，確信當某一特定病患之年齡為 65 歲時，其血壓值會落在 133.49 mmHg 至 165.89 mmHg 之間。此信賴區間較所有病患的平均血壓值的預測範圍之信賴區間為大，此乃因在某一特定值下，其抽樣的變異較大所致。

　　又當病患年齡為 70 歲時，若院方想瞭解所有 70 歲病患的**平均**血壓值的預測範圍。由迴歸直線方程式得知其血壓的預測值為 $\hat{y} = 88.98 + 0.934 \times 70 = 154.36$，則其 95% 之信賴區間為

$$154.36 \pm 2.306 \sqrt{44.775(\frac{1}{10} + \frac{(70 - 63.4)^2}{1252.4})} = 154.36 \pm 5.66$$

即 (148.70, 160.02) 為其 95% 之信賴區間。也就是說，我們有 95%的把握，確信當病患年齡為 70 歲時，其血壓值會落在 148.70 mmHg 至 160.02 mmHg 之間。而若院方只想瞭解某一**特定**病患的血壓值的預測範圍，則其 95% 之信賴區間為

$$154.36 \pm 2.306 \sqrt{44.775(1 + \frac{1}{10} + \frac{(70-63.4)^2}{1252.4})} = 154.36 \pm 16.44$$

即 (137.92, 170.80) 為其 95% 之信賴區間。也就是說，我們有 95%的把握，確信當某一特定病患年齡為 70 歲時，其血壓值會落在 137.92 mmHg 至 170.80 mmHg 之間。當病患年齡為 70 歲時所求得的信賴區間，又較當病患年齡為 65 歲時所求得的信賴區間為大，可知接近 $\bar{x}$ 的預測值較偏離 $\bar{x}$ 的預測值來的精確。

若想得知病患年齡為 30 歲時的血壓值，此廻歸直線是不適用的，我們只能就所給定的 x 範圍來作預測。因此，若所給定的病患年齡不在 43 歲至 80 歲之間，而仍使用此廻歸直線預測其血壓值，所得的結果並無多大意義存在。

10-5 殘差分析

由 10.2 節知，

$$e_i = y_i - \hat{y}_i \text{，} i = 1, 2, ..., n$$

此值代表的是觀察值 y_i 與廻歸直線上 $\hat{y}_i$ 值的距離，我們可由殘差的大小，來測度不能由廻歸模式所能解釋的變異之大小，殘差分析是用來判斷廻歸模式是否適當的一個有效的方法。若自變數與因變數之間存在有線性關係，則圖點應是均勻地散佈於 $e=0$ 這條水平線上。若是殘差 e_i 的圖點散佈不是均勻地散佈於 $e=0$ 這條水平線上，而是形成一曲線形態，此時我們得懷疑此些資料可能不符合假設，自變數與因變數之間可能呈曲線關係。當由殘差分析圖看出資料不符合線性廻歸的假設時，之前所述的估計和檢定的方法可能不適用於原始資料上，此時可考慮使用轉換 (transformation)的技巧，對原始資料進行轉換，使得轉換後的資料符合線性廻歸的假設，再加以分析。又

$$\varepsilon_i = Y_i - E(Y_i) \text{，} i = 1, 2, ..., n$$

此些未知的真正誤差項(unknown true error)為一平均數為 0，標準差為 σ 的常態分配。

此些殘差有幾個重要性質：

1. 其平均數為 0，$\bar{e} = \dfrac{\sum e_i}{n} = 0$。

2. 變異數的平均（均方）為

$$\frac{\sum\limits_{i=1}^{n}(e_i - \bar{e})^2}{n-2} = \frac{\sum\limits_{i=1}^{n} e_i^2}{n-2} = \frac{SSE}{n-2} = MSE \ 。$$

若此線性廻歸模型是適當的，則 MSE 是誤差項(error term)變異數(σ^2) 的一不偏估計值(unbiased estimator)。

3. 此些殘差不是獨立的隨機變數，因 e_i 與 $\hat{y}_i$ 之值有關，而 $\hat{y}_i$ 又是由樣本估計值(sample estimates)b_0、b_1計算而得，其自由度為 $n-2$，若樣本數 n 夠大時，此些殘差是獨立的。

4. 標準化後的殘差值

$$d_i = \frac{e_i}{\sqrt{MSE}} \ , \quad i = 1,\ 2,\ \dots,\ n$$

為一平均數為 0，標準差為 1 的標準常態分配。

例題 12

以表 10.1 所示資料為例，殘差分析結果如下：

殘差輸出

觀察值	預測值 Y	殘差	標準化殘差
1	129.1389	7.861066	1.246054
2	133.8107	−5.810763	−0.921061
3	141.2856	−3.285691	−0.520813
4	145.9575	−2.957521	−0.468795
5	151.5637	−10.56371	−1.674450
6	154.3668	−2.366815	−0.375162
7	158.1042	−1.104279	−0.175038
8	163.7104	4.289524	0.679930
9	146.8918	9.108112	1.443723
10	157.1699	4.830086	0.765614

機率輸出

百分比	Y
5	128
15	137
25	138
35	141
45	143
55	152
65	156
75	157
85	162
95	168

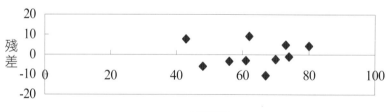

由殘差圖知，此些圖點均勻地散佈於 $e=0$ 之水平線上，可知迴歸模式符合線性的假設。

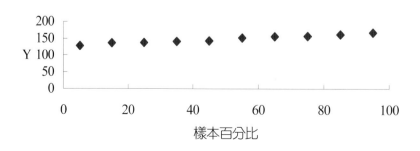

10-6　EXCEL 與迴歸分析

■ **10.6.1　散佈圖**

 **例題 13**

某醫院提供了一份健保門診病患年齡和血壓的資料，如下表所示。

年齡 X	43	48	56	61	67	70	74	80	62	73
血壓 Y	137	128	138	143	141	152	157	168	156	162

試繪出年齡與血壓的散佈圖。

解

步驟 1：將資料輸入到儲存格 A1：B11。

◢	A	B
1	年齡X	血壓Y
2	43	137
3	48	128
4	56	138
5	61	143
6	67	141
7	70	152
8	74	157
9	80	168
10	62	156
11	73	162

步驟 2： 選取儲存格範圍 A1：B11。

步驟 3：選【插入／散佈圖／帶有資料標記的 XY 散佈圖】。

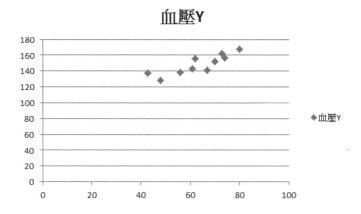

步驟 4：按【下一步】，輸入標題名稱，刪除主要格線及圖例，修改座標軸刻度，使其更符合所需。

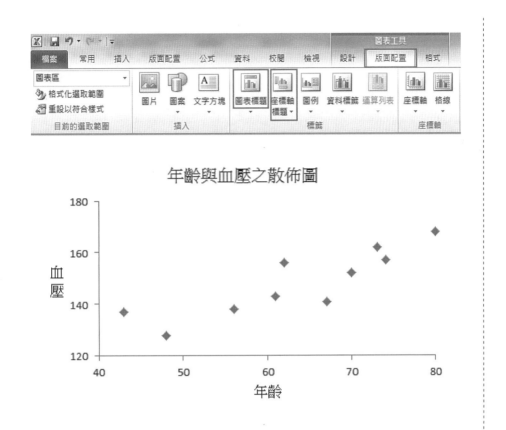

■ 10.6.2　迴歸

例題 14

某醫院提供了一份健保門診病患年齡和血壓的資料如下表所示。

年齡 X	43	48	56	61	67	70	74	80	62	73
血壓 Y	137	128	138	143	141	152	157	168	156	162

(1) 試以 $\alpha = 0.05$ 之顯著水準，檢定其線性迴歸關係是否存在？

(2) 試寫出斜率 β_1 之 95%信賴區間。

解

步驟 1：選取【資料／資料分析】，在視窗【資料分析】下選【迴歸】，按【確定】。

步驟 2：輸入 Y 範圍：B2：B11

輸入 X 範圍：A2：A11

☑信賴度

按【確定】。

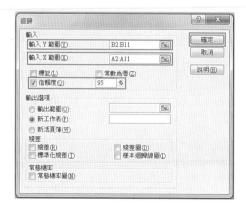

結果如下：

	A	B	C	D	E	F	G	H	I
1	摘要輸出								
2									
3		迴歸統計							
4	R 的倍數	0.867891							
5	R 平方	0.753234							
6	調整的 R	0.722389							
7	標準誤	6.691458							
8	觀察值個數	10							
9									
10	ANOVA								
11		自由度	SS	MS	F	顯著值			
12	迴歸	1	1093.395	1093.395	24.41943	0.001133			
13	殘差	8	358.2049	44.77561					
14	總和	9	1451.6						
15									
16		係數	標準誤	t 統計	P-值	下限 95%	上限 95%	下限 95.0%	上限 95.0%
17	截距	88.96119	12.1731	7.308018	8.32E-05	60.88999	117.0324	60.88999	117.0324
18	X 變數 1	0.934366	0.189082	4.941602	0.001133	0.498343	1.370389	0.498343	1.370389

由結果知，

(1) $p = 0.001133 < 0.05$，故拒絕 $H_0 : \beta_1 = 0$ 之假設，此線性迴歸關係存在。

(2) β_1 之 95%信賴區間為 $(0.498343, 1.370389)$。

習 題

1. 下表為某醫院中八部檢驗儀器的使用時間（單位：年）與維修費用（單位：千元）資料。

使用時間與維修費用的對應資料

儀器編號	使用時間 X	維修費用 Y
1	3.1	16.1
2	1.9	8.1
3	2.7	11.9
4	2.5	10.1
5	1.3	6.2
6	2.2	9.8
7	1.8	8.9
8	1.6	7.5

(1) 試繪出資料散佈圖。

(2) 試寫出其相關係數 r。

(3) 試寫出迴歸直線方程式。

(4) 試解釋迴歸係數 b_1 的意義。

(5) 若有一檢驗儀器的使用時間為 2 年，則其維修費用的預測值為何？

(6) 試寫出其判定係數 r^2，並解釋其意義。

(7) 試寫出 σ^2 的不偏估計值。

(8) 試寫出 β_1 之 99% 之信賴區間。

(9) 試寫出變異數分析表(ANOVA)。

(10) 試以 $\alpha = 0.05$ 之顯著水準，檢定 $\beta_1 = 0$ 是否成立，並解釋你所得的結論。

(11) 若某些檢驗儀器的使用時間為 2 年，則其平均維修費用的 99% 之信賴區間為何？

(12) 若有一檢驗儀器的使用時間為 2 年，則其維修費用的 99% 之信賴區間為何？

2. 某醫院提供了一份健保門診病患年齡和血壓的資料，如下表所示。

年齡和血壓的對應資料

病患編號	年齡 X	血壓 Y
1	45	132
2	58	138
3	56	136
4	61	143
5	67	145
6	72	148
7	76	154
8	82	163
9	62	156
10	73	151

(1) 試繪出資料散佈圖。

(2) 試寫出其相關係數　r。

(3) 試寫出廻歸直線方程式。

(4) 試解釋廻歸係數　b_1　的意義。

(5) 若病患的年齡為 64 歲，則其血壓的預測值為何？

(6) 試寫出其判定係數　r^2，並解釋其意義。

(7) 試寫出　σ^2　的不偏估計值。

(8) 試寫出　β_1　之 90% 之信賴區間。

(9) 試寫出變異數分析表(ANOVA)。

(10) 試以 $\alpha = 0.05$ 之顯著水準，檢定 $\beta_1 = 0$ 是否成立，並解釋你所得的結論。

(11) 若病患的年齡為 64 歲，則其平均血壓的 90% 之信賴區間為何？

(12) 若有一病患的年齡為 64 歲，則其血壓的 90% 之信賴區間為何？

3. 某藥廠想瞭解廣告宣導對某一藥品銷售額的影響。研究人員針對該藥品製作
了一份宣導廣告，分別在 12 個地區播放，並記錄某一時段內，此 12 個地區
在播放廣告之後，該藥品的銷售額（單位：萬元），而每個地區廣告播放之
次數是不同的，各地區之銷售額資料如下表所示。

播放次數和銷售額的對應資料

地區編號	播放次數 X	銷售額 Y
1	4	3.51
2	2	1.78
3	3	2.96
4	1	0.84
5	2	1.35
6	5	4.27
7	3	2.15
8	1	1.64
9	2	2.25
10	8	5.32
11	3	2.66
12	2	1.04

(1) 試繪出資料散佈圖。

(2) 試寫出其相關係數 r。

(3) 試寫出迴歸直線方程式。

(4) 試解釋迴歸係數 b_1 的意義。

(5) 若某地區廣告播放之次數為 6 次，則該藥品銷售額的預測值為何？

(6) 試寫出其判定係數 r^2，並解釋其意義。

(7) 試寫出 σ^2 的不偏估計值。

(8) 試寫出 β_1 之 95% 之信賴區間。

(9) 試寫出變異數分析表(ANOVA)。

(10) 試以 $\alpha = 0.05$ 之顯著水準，檢定 $\beta_1 = 0$ 是否成立，並解釋你所得的結論。

(11) 若某地區廣告播放之次數為 6 次，則該藥品平均銷售額的 95% 之信賴區間為何？

(12) 若某地區廣告播放之次數為 6 次，則該藥品銷售額的 95% 之信賴區間為何？

APPENDIX

附　　錄

BI◔STATISTICS

一　標準常態分配表

二　t 分配表

三　χ^2 分配表

四　F 分配表

五　習題解答

附錄一　標準常態分配表

標準常態(z)分配

z	.00	.01	.02	.03	.04	.05	.06	.07	.08	.09
0.0	.0000	.0040	.0080	.0120	.0160	.0199	.0239	.0279	.0319	.0359
0.1	.0398	.0438	.0478	.0517	.0557	.0596	.0636	.0675	.0714	.0753
0.2	.0793	.0832	.0871	.0910	.0948	.0987	.1026	.1064	.1103	.1141
0.3	.1179	.1217	.1255	.1293	.1331	.1368	.1406	.1443	.1480	.1517
0.4	.1554	.1591	.1628	.1664	.1700	.1736	.1772	.1808	.1844	.1879
0.5	.1915	.1950	.1985	.2019	.2054	.2088	.2123	.2157	.2190	.2224
0.6	.2257	.2291	.2324	.2357	.2389	.2422	.2454	.2486	.2517	.2549
0.7	.2580	.2611	.2642	.2673	.2704	.2734	.2764	.2794	.2823	.2852
0.8	.2881	.2910	.2939	.2967	.2995	.3023	.3051	.3078	.3106	.3133
0.9	.3159	.3186	.3212	.3238	.3264	.3289	.3315	.3340	.3365	.3389
1.0	.3413	.3438	.3461	.3485	.3508	.3531	.3554	.3577	.3599	.3621
1.1	.3643	.3665	.3686	.3708	.3729	.3749	.3770	.3790	.3810	.3830
1.2	.3849	.3869	.3888	.3907	.3925	.3944	.3962	.3980	.3997	.4015
1.3	.4032	.4049	.4066	.4082	.4099	.4115	.4131	.4147	.4162	.4177
1.4	.4192	.4207	.4222	.4236	.4251	.4265	.4279	.4292	.4306	.4319
1.5	.4332	.4345	.4357	.4370	.4382	.4394	.4406	.4418	.4429	.4441
1.6	.4452	.4463	.4474	.4484	.4495*	.4505	.4515	.4525	.4535	.4545
1.7	.4554	.4564	.4573	.4582	.4591	.4599	.4608	.4616	.4625	.4633
1.8	.4641	.4649	.4656	.4664	.4671	.4678	.4686	.4693	.4699	.4706
1.9	.4713	.4719	.4726	.4732	.4738	.4744	.4750	.4756	.4761	.4767
2.0	.4772	.4778	.4783	.4788	.4793	.4798	.4803	.4808	.4812	.4817
2.1	.4821	.4826	.4830	.4834	.4838	.4842	.4846	.4850	.4854	.4857
2.2	.4861	.4864	.4868	.4871	.4875	.4878	.4881	.4884	.4887	.4890
2.3	.4893	.4896	.4898	.4901	.4904	.4906	.4909	.4911	.4913	.4916
2.4	.4918	.4920	.4922	.4925	.4927	.4929	.4931	.4932	.4934	.4936
2.5	.4938	.4940	.4941	.4943	.4945	.4946	.4948	.4949*	.4951	.4952
2.6	.4953	.4955	.4956	.4957	.4959	.4960	.4961	.4962	.4963	.4964
2.7	.4965	.4966	.4967	.4968	.4969	.4970	.4971	.4972	.4973	.4974
2.8	.4974	.4975	.4976	.4977	.4977	.4978	.4979	.4979	.4980	.4981
2.9	.4981	.4982	.4982	.4983	.4984	.4984	.4985	.4985	.4986	.4986
3.0	.4987	.4987	.4987	.4988	.4988	.4989	.4989	.4989	.499	.499

z		
3.1	.49903	
3.2	.49931	
3.3	.49952	
3.4	.49966	
3.5	.49977	
3.6	.49984	
3.7	.49989	
3.8	.49993	
3.9	.49995	
4.0	.49997	
4.5	.499966023	
5.0	.499997133	
5.5	.499999810	
6.0	.499999999	

6.0 以上：利用 0.4999999990

註：
1. z 值超過 6.0 者，其面積均視爲 0.4999999990。
2. *右列兩個常用 z 值係依內插補法求得。

z 值 面積 0.6 以上：利用 0.4999999990

z 值	面積
1.645	0.45
2.57	0.495

附錄二　*t* 分配表

說明：1. α為圖中斜線部份之面積。

　　　2. a 為 d.f.=$n-1$，P($t \geq a$)=α之臨界值。

　　　3. 樣本數 30 以上可以直接查 Z 分配表。

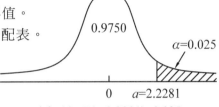

d.f.=10 , P($t \geq 2.2281$)=0.025

df	α=0.10	α=0.05	α=0.025	α=0.010	α=0.005
1	3.078	6.3138	12.706	31.821	63.657
2	1.886	2.9200	4.3027	6.965	9.9248
3	1.638	2.3534	3.1825	4.541	5.8409
4	1.533	2.1318	2.7764	3.747	4.6041
5	1.476	2.0150	2.5706	3.365	4.0321
6	1.440	1.9432	2.4469	3.143	3.7074
7	1.415	1.8946	2.3646	2.998	3.4995
8	1.397	1.8595	2.3060	2.896	3.3554
9	1.383	1.8331	2.2622	2.821	3.2498
10	1.372	1.8125	2.2281	2.764	3.1693
11	1.363	1.7959	2.2010	2.718	3.1058
12	1.356	1.7823	2.1788	2.681	3.0545
13	1.350	1.7709	2.1604	2.650	3.0123
14	1.345	1.7613	2.1448	2.624	2.9768
15	1.341	1.7530	2.1315	2.602	2.9467
16	1.337	1.7459	2.1199	2.583	2.9208
17	1.333	1.7396	2.1098	2.567	2.8982
18	1.330	1.7341	2.1009	2.552	2.8784
19	1.328	1.7291	2.0930	2.539	2.8609
20	1.325	1.7247	2.0860	2.528	2.8453
21	1.323	1.7207	2.0796	2.518	2.8314
22	1.321	1.7171	2.0739	2.508	2.8188
23	1.319	1.7139	2.0687	2.500	2.8073
24	1.318	1.7109	2.0639	2.492	2.7969
25	1.316	1.7081	2.0595	2.485	2.7874
26	1.315	1.7056	2.0555	2.479	2.7787
27	1.314	1.7033	2.0518	2.473	2.7707
28	1.313	1.7011	2.0484	2.467	2.7633
29	1.311	1.6991	2.0452	2.462	2.7564
30	1 310	1.6973	2.0423	2.457	2.7500

附錄三 χ^2 分配表

說明：1. α為圖中斜線部份之面積。
　　　2. a 為 d.f.=$n-1$ ， $P(\chi^2 \geq a)=\alpha$ 之臨界值。

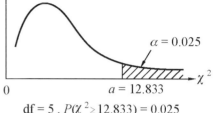

$$df = 5 ， P(\chi^2 \geq 12.833) = 0.025$$

臨界值右邊之面積(α)

自由度	0.995	0.99	0.975	0.95	0.90	0.10	0.05	0.025	0.01	0.005
1	—	—	0.001	0.004	0.016	2.706	3.841	5.024	6.635	7.879
2	0.010	0.020	0.051	0.103	0.211	4.605	5.991	7.378	9.210	10.597
3	0.072	0.115	0.216	0.352	0.584	6.251	7.815	9.348	11.345	12.838
4	0.207	0.297	0.484	0.711	1.064	7.779	9.488	11.143	13.277	14.860
5	0.412	0.554	0.831	1.145	1.610	9.236	11.071	12.833	15.086	16.750
6	0.676	0.872	1.237	1.635	2.204	10.645	12.592	14.449	16.812	18.548
7	0.989	1.239	1.690	2.167	2.833	12.017	14.067	16.013	18.475	20.278
8	1.344	1.646	2.180	2.733	3.490	13.362	15.507	17.535	20.090	21.955
9	1.735	2.088	2.700	3.325	4.168	14.684	16.919	19.023	21.666	23.589
10	2.156	2.558	3.247	3.940	4.865	15.987	18.307	20.483	23.209	25.188
11	2.603	3.053	3.816	4.575	5.578	17.275	19.675	21.920	24.725	26.757
12	3.074	3.571	4.404	5.226	6.304	18.549	21.026	23.337	26.217	28.299
13	3.565	4.107	5.009	5.892	7.042	19.812	22.362	24.736	27.688	29.819
14	4.075	4.660	5.629	6.571	7.790	21.064	23.685	26.119	29.141	31.319
15	4.601	5.229	6.262	7.261	8.547	22.307	24.996	27.488	30.578	32.801
16	5.142	5.812	6.908	7.962	9.312	23.542	26.296	28.845	32.000	34.267
17	5.697	6.408	7.564	8.672	10.085	24.769	27.587	30.191	33.409	35.718
18	6.265	7.015	8.231	9.390	10.865	25.989	28.869	31.526	34.805	37.156
19	6.844	7.633	8.907	10.117	11.651	27.204	30.144	32.852	36.191	38.582
20	7.434	8.260	9.591	10.851	12.443	28.412	31.410	34.170	37.566	39.997
21	8.034	8.897	10.283	11.591	13.240	29.615	32.671	35.479	38.932	41.401
22	8.643	9.542	10.982	12.338	14.042	30.813	33.924	36.781	40.289	42.796
23	9.260	10.196	11.689	13.091	14.848	32.007	35.172	38.076	41.638	44.181
24	9.886	10.856	12.401	13.848	15.659	33.196	36.415	39.364	42.980	45.559
25	10.520	11.524	13.120	14.611	16.473	34.382	37.652	40.646	44.314	46.928
26	11.160	12.198	13.844	15.379	17.292	35.563	38.885	41.923	45.642	48.290
27	11.808	12.879	14.573	16.151	18.114	36.741	40.113	43.194	46.963	49.645
28	12.461	13.565	15.308	16.928	18.939	37.916	41.337	44.461	48.278	50.993
29	13.121	14.257	16.047	17.708	19.768	39.087	42.557	45.772	49.588	52.336
30	13.787	14.954	16.791	18.493	20.599	40.256	43.773	46.979	50.892	53.672
40	20.707	22.164	24.433	26.509	29.051	51.805	55.758	59.342	63.691	66.766
50	27.991	29.707	32.357	34.764	37.689	63.167	67.505	71.420	76.154	79.490
60	35.534	37.485	40.482	43.188	46.459	74.397	79.082	83.298	88.379	91.952
70	43.275	45.442	48.758	51.739	55.329	85.527	90.531	95.023	100.425	104.215
80	51.172	53.540	57.153	60.391	64.278	96.578	101.879	106.629	112.329	116.321
90	59.196	61.754	65.647	69.126	73.291	107.565	113.145	118.136	124.116	128.299
100	67.328	70.065	74.222	77.929	82.358	118.498	124.342	129.561	135.807	140.169

附錄四　　F 分配表

(1)　$\alpha = 0.10$

說明：1. α 為圖中斜線部份之面積。

2. a 為 $df_1 = n_1 - 1, df_2 = n_2 - 1$，
$P(F \geq a) = \alpha$ 之臨界值。

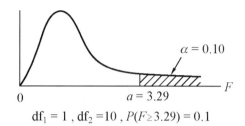

$df_1 = 1$, $df_2 = 10$, $P(F \geq 3.29) = 0.1$

df$_2$ \ df$_1$	1	2	3	4	5	6	7	8	9
1	39.86	49.50	53.59	55.83	57.24	58.20	58.91	59.44	59.86
2	8.53	9.00	9.16	9.24	9.29	9.33	9.35	9.37	9.38
3	5.54	5.46	5.39	5.34	5.31	5.28	5.27	5.25	5.24
4	4.54	4.32	4.19	4.11	4.05	4.01	3.98	3.95	3.94
5	4.06	3.78	3.62	3.52	3.45	3.40	3.37	3.34	3.32
6	3.78	3.46	3.29	3.18	3.11	3.05	3.01	2.98	2.96
7	3.59	3.26	3.07	2.96	2.88	2.83	2.78	2.75	2.72
8	3.46	3.11	2.92	2.81	2.73	2.67	2.62	2.59	2.56
9	3.36	3.01	2.81	2.69	2.61	2.55	2.51	2.47	2.44
10	3.29	2.92	2.73	2.61	2.52	2.46	2.41	2.38	2.35
11	3.23	2.86	2.66	2.54	2.45	2.39	2.34	2.30	2.27
12	3.18	2.81	2.61	2.48	2.39	2.33	2.28	2.24	2.21
13	3.14	2.76	2.56	2.43	2.35	2.28	2.23	2.20	2.16
14	3.10	2.73	2.52	2.39	2.31	2.24	2.19	2.15	2.12
15	3.07	2.70	2.49	2.36	2.27	2.21	2.16	2.12	2.09
16	3.05	2.67	2.46	2.33	2.24	2.18	2.13	2.09	2.06
17	3.03	2.64	2.44	2.31	2.22	2.15	2.10	2.06	2.03
18	3.01	2.62	2.42	2.29	2.20	2.13	2.08	2.04	2.00
19	2.99	2.61	2.40	2.27	2.18	2.11	2.06	2.02	1.98
20	2.97	2.59	2.38	2.25	2.16	2.09	2.04	2.00	1.96
21	2.96	2.57	2.36	2.23	2.14	2.08	2.02	1.98	1.95
22	2.95	2.56	2.35	2.22	2.13	2.06	2.01	1.97	1.93
23	2.94	2.55	2.34	2.21	2.11	2.05	1.99	1.95	1.92
24	2.93	2.54	2.33	2.19	2.10	2.04	1.98	1.94	1.91
25	2.92	2.53	2.32	2.18	2.09	2.02	1.97	1.93	1.89
26	2.91	2.52	2.31	2.17	2.08	2.01	1.96	1.92	1.88
27	2.90	2.51	2.30	2.17	2.07	2.00	1.95	1.91	1.87
28	2.89	2.50	2.29	2.16	2.06	2.00	1.94	1.90	1.87
29	2.89	2.50	2.28	2.15	2.06	1.99	1.93	1.89	1.86
30	2.88	2.49	2.28	2.14	2.05	1.98	1.93	1.88	1.85
40	2.84	2.44	2.23	2.09	2.00	1.93	1.87	1.83	79
60	2.79	2.39	2.18	2.04	1.95	1.87	1.82	1.77	1.74
120	2.75	2.35	2.13	1.99	1.90	1.82	1.77	1.72	1.68
∞	2.71	2.30	2.08	1.94	1.85	1.77	1.72	1.67	1.63

df₂ \ df₁	10	12	15	20	24	30	40	60	120	∞
1	60.19	60.71	61.22	61.74	62.00	62.26	62.53	62.79	63.06	63.33
2	9.39	9.41	9.42	9.44	9.45	9.46	9.47	9.47	9.48	9.49
3	5.23	5.22	5.20	5.18	5.18	5.17	5.16	5.15	5.14	5.13
4	3.92	3.90	3.87	3.84	3.83	3.82	3.80	3.79	3.78	3.76
5	3.30	3.27	3.24	3.21	3.19	3.17	3.16	3.14	3.12	3.10
6	2.94	2.90	2.87	2.84	2.82	2.80	2.78	2.76	2.74	2.72
7	2.70	2.67	2.63	2.59	2.58	2.56	2.54	2.51	2.49	2.47
8	2.54	2.50	2.46	2.42	2.40	2.38	2.36	2.34	2.32	2.29
9	2.42	2.38	2.34	2.30	2.28	2.25	2.23	2.21	2.18	2.16
10	2.32	2.28	2.24	2.20	2.18	2.16	2.13	2.11	2.08	2.06
11	2.25	2.21	2.17	2.12	2.10	2.08	2.05	2.03	2.00	1.97
12	2.19	2.15	2.10	2.06	2.04	2.01	1.99	1.96	1.93	1.90
13	2.14	2.10	2.05	2.01	1.98	1.96	1.93	1.90	1.88	1.85
14	2.10	2.05	2.01	1.96	1.94	1.91	1.89	1.86	1.83	1.80
15	2.06	2.02	1.97	1.92	1.90	1.87	1.85	1.82	1.79	1.76
16	2.03	1.99	1.94	1.89	1.87	1.84	1.81	1.78	1.75	1.72
17	2.00	1.96	1.91	1.86	1.84	1.81	1.78	1.75	1.72	1.69
18	1.98	1.93	1.89	1.84	1.81	1.78	1.75	1.72	1.69	1.66
19	1.96	1.91	1.86	1.81	1.79	1.76	1.73	1.70	1.67	1.63
20	1.94	1.89	1.84	1.79	1.77	1.74	1.71	1.68	1.64	1.61
21	1.92	1.87	1.83	1.78	1.75	1.72	1.69	1.66	1.62	1.59
22	1.90	1.86	1.81	1.76	1.73	1.70	1.67	1.64	1.60	1.57
23	1.89	1.84	1.80	1.74	1.72	1.69	1.66	1.62	1.59	1.55
24	1.88	1.83	1.78	1.73	1.70	1.67	1.64	1.61	1.57	1.53
25	1.87	1.82	1.77	1.72	1.69	1.66	1.63	1.59	1.56	1.52
26	1.86	1.81	1.76	1.71	1.68	1.65	1.61	1.58	1.54	1.50
27	1.85	1.80	1.75	1.70	1.67	1.64	1.60	1.57	1.53	1.49
28	1.84	1.79	1.74	1.69	1.66	1.63	1.59	1.56	1.52	1.48
29	1.83	1.78	1.73	1.68	1.65	1.62	1.58	1.55	1.51	1.47
30	1.82	1.77	1.72	1.67	1.64	1.61	1.57	1.54	1.50	1.46
40	1.76	1.71	1.66	1.61	1.57	1.54	1.51	1.47	1.42	1.38
60	1.71	1.66	1.60	1.54	1.51	1.48	1.44	1.40	1.35	1.29
120	1.65	1.60	1.55	1.48	1.45	1.41	1.37	1.32	1.26	1.19
∞	1.60	1.55	1.49	1.42	1.38	1.34	1.30	1.24	1.17	1.00

(2) $\alpha = 0.05$

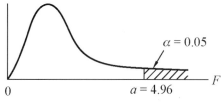

$\mathrm{df}_1 = 1$, $\mathrm{df}_2 = 10$, $P(F \geq 4.96) = 0.05$

df₂＼df₁	1	2	3	4	5	6	7	8	9	10
1	161	200	216	225	230	234	237	239	241	242
2	18.5	19.0	19.2	19.2	19.3	19.3	19.4	19.4	19.4	19.4
3	10.1	9.55	9.28	9.12	9.01	8.94	8.89	8.85	8.81	8.79
4	7.71	6.94	6.59	6.39	6.26	6.16	6.09	6.04	6.00	5.96
5	6.61	5.79	5.41	5.19	5.05	4.95	4.88	4.82	4.77	4.74
6	5.99	5.14	4.76	4.53	4.39	4.28	4.21	4.15	4.10	4.06
7	5.59	4.74	4.35	4.12	3.97	3.87	3.79	3.73	3.68	3.64
8	5.32	4.46	4.07	3.84	3.69	3.58	3.50	3.44	3.39	3.35
9	5.12	4.26	3.86	3.63	3.48	3.37	3.29	3.23	3.18	3.14
10	4.96	4.10	3.71	3.48	3.33	3.22	3.14	3.07	3.02	2.98
11	4.84	3.98	3.59	3.36	3.20	3.09	3.01	2.95	2.90	2.85
12	4.75	3.89	3.49	3.26	3.11	3.00	2.91	2.85	2.80	2.75
13	4.67	3.81	3.41	3.18	3.03	2.92	2.83	2.77	2.71	2.67
14	4.60	3.74	3.34	3.11	2.96	2.85	2.76	2.70	2.65	2.60
15	4.54	3.68	3.29	3.06	2.90	2.79	2.71	2.64	2.59	2.54
16	4.49	3.63	3.24	3.01	2.85	2.74	2.66	2.59	2.54	2.49
17	4.45	3.59	3.20	2.96	2.81	2.70	2.61	2.55	2.49	2.45
18	4.41	3.55	3.16	2.93	2.77	2.66	2.58	2.51	2.46	2.41
19	4.38	3.52	3.13	2.90	2.74	2.63	2.54	2.48	2.42	2.38
20	4.35	3.49	3.10	2.87	2.71	2.60	2.51	2.45	2.39	2.35
21	4.32	3.47	3.07	2.84	2.68	2.57	2.49	2.42	2.37	2.32
22	4.30	3.44	3.05	2.82	2.66	2.55	2.46	2.40	2.34	2.30
23	4.28	3.42	3.03	2.80	2.64	2.53	2.44	2.37	2.32	2.27
24	4.26	3.40	3.01	2.78	2.62	2.51	2.42	2.36	2.30	2.25
25	4.24	3.39	2.99	2.76	2.60	2.49	2.40	2.34	2.28	2.24
26	4.23	3.37	2.98	2.74	2.59	2.47	2.39	2.32	2.27	2.22
27	4.21	3.35	2.96	2.73	2.57	2.46	2.37	2.31	2.25	2.20
28	4.20	3.34	2.95	2.71	2.56	2.45	2.36	2.29	2.24	2.19
29	4.18	3.33	2.93	2.70	2.55	2.43	2.35	2.28	2.22	2.18
30	4.17	3.32	2.92	2.69	2.53	2.42	2.33	2.27	2.21	2.16
40	4.08	3.23	2.84	2.61	2.45	2.34	2.25	2.18	2.12	2.08
60	4.00	3.15	2.76	2.53	2.37	2.25	2.17	2.10	2.04	1.99
120	3.92	3.07	2.68	2.45	2.29	2.18	2.09	2.02	1.96	1.91
∞	3.84	3.00	2.60	2.37	2.21	2.10	2.01	1.94	1.88	1.83

df₂ \ df₁	12	15	20	24	30	40	60	120	∞
1	244	246	248	249	250	251	252	253	254
2	19.4	19.4	19.4	19.5	19.5	19.5	19.5	19.5	19.5
3	8.74	8.70	8.66	8.64	8.62	8.59	8.57	8.55	8.53
4	5.91	5.86	5.80	5.77	5.75	5.72	5.69	5.66	5.63
5	4.68	4.62	4.56	4.53	4.50	4.46	4.43	4.40	4.37
6	4.00	3.94	3.87	3.84	3.81	3.77	3.74	3.70	3.67
7	3.57	3.51	3.44	3.41	3.38	3.34	3.30	3.27	3.23
8	3.28	3.22	3.15	3.12	3.08	3.04	3.01	2.97	2.93
9	3.07	3.01	2.94	2.90	2.86	2.83	2.79	2.75	2.71
10	2.91	2.85	2.77	2.74	2.70	2.66	2.62	2.58	2.54
11	2.79	2.72	2.65	2.61	2.57	2.53	2.49	2.45	2.40
12	2.69	2.62	2.54	2.51	2.47	2.43	2.38	2.34	2.30
13	2.60	2.53	2.46	2.42	2.38	2.34	2.30	2.25	2.21
14	2.53	2.46	2.39	2.35	2.31	2.27	2.22	2.18	2.13
15	2.48	2.40	2.33	2.29	2.25	2.20	2.16	2.11	2.07
16	2.42	2.35	2.28	2.24	2.19	2.15	2.11	2.06	2.01
17	2.38	2.31	2.23	2.19	2.15	2.10	2.06	2.01	1.96
18	2.34	2.27	2.19	2.15	2.11	2.06	2.02	1.97	1.92
19	2.31	2.23	2.16	2.11	2.07	2.03	1.98	1.93	1.88
20	2.28	2.20	2.12	2.08	2.04	1.99	1.95	1.90	1.84
21	2.25	2.18	2.10	2.05	2.01	1.96	1.92	1.87	1.81
22	2.23	2.15	2.07	2.03	1.98	1.94	1.89	1.84	1.78
23	2.20	2.13	2.05	2.01	1.96	1.91	1.86	1.81	1.76
24	2.18	2.11	2.03	1.98	1.94	1.89	1.84	1.79	1.73
25	2.16	2.09	2.01	1.96	1.92	1.87	1.82	1.77	1.71
26	2.15	2.07	1.99	1.95	1.90	1.85	1.80	1.75	1.69
27	2.13	2.06	1.97	1.93	1.88	1.84	1.79	1.73	1.67
28	2.12	2.04	1.96	1.91	1.87	1.32	1.77	1.71	1.65
29	2.10	2.03	1.94	1.90	1.85	1.81	1.75	1.70	1.64
30	2.09	2.01	1.93	1.89	1.84	1.79	1.74	1.68	1.62
40	2.00	1.92	1.84	1.79	1.74	1.69	1.64	1.58	1.51
60	1.92	1.84	1.75	1.70	1.65	1.59	1.53	1.47	1.39
20	1.83	1.75	1.66	1.61	1.55	1.50	1.43	1.35	1.25
∞	1.75	1.67	1.57	1.52	1.46	1.39	1.32	1.22	1.00

(3) $\alpha = 0.025$

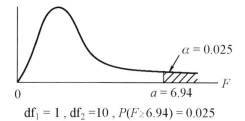

$df_1 = 1$, $df_2 = 10$, $P(F \geq 6.94) = 0.025$

df₂ \ df₁	1	2	3	4	5	6	7	8	9	10
1	648	800	864	900	922	937	948	957	963	969
2	38.5	39.0	39.2	39.2	39.3	39.3	39.4	39.4	39.4	39.4
3	17.4	16.0	15.4	15.1	14.9	14.7	14.6	14.5	14.5	14.4
4	12.2	10.6	9.98	9.60	9.36	9.20	9.07	8.98	8.90	8.84
5	10.0	8.43	7.76	7.39	7.15	6.98	6.85	6.76	6.68	6.62
6	8.81	7.26	6.60	6.23	5.99	5.82	5.70	5.60	5.52	5.46
7	8.07	6.54	5.89	5.52	5.29	5.12	4.99	4.90	4.82	4.76
8	7.57	6.06	5.42	5.05	4.82	4.65	4.53	4.43	4.36	4.30
9	7.21	5.71	5.08	4.72	4.48	4.32	4.20	4.10	4.03	3.96
10	6.94	5.46	4.83	4.47	4.24	4.07	3.95	3.85	3.78	3.72
11	6.72	5.26	4.63	4.28	4.04	3.88	3.76	3.66	3.59	3.53
12	6.55	5.10	4.47	4.12	3.89	3.73	3.61	3.51	3.44	3.37
13	6.41	4.97	4.35	4.00	3.77	3.60	3.48	3.39	3.31	3.25
14	6.30	4.86	4.24	3.89	3.66	3.50	3.38	3.28	3.21	3.15
15	6.20	4.77	4.15	3.80	3.58	3.41	3.29	3.20	3.12	3.06
16	6.12	4.69	4.08	3.73	3.50	3.34	3.22	3.12	3.05	2.99
17	6.04	4.62	4.01	3.66	3.44	3.28	3.16	3.06	2.98	2.92
18	5.98	4.56	3.95	3.61	3.38	3.22	3.10	3.01	2.93	2.87
19	5.92	4.51	3.90	3.56	3.33	3.17	3.05	2.96	2.88	2.82
20	5.87	4.46	3.86	3.51	3.29	3.13	3.01	2.91	2.84	2.77
21	5.83	4.42	3.82	3.48	3.25	3.09	2.97	2.87	2.80	2.73
22	5.79	4.38	3.78	3.44	3.22	3.05	2.93	2.84	2.76	2.70
23	5.75	4.35	3.75	3.41	3.18	3.02	2.90	2.81	2.73	2.67
24	5.72	4.32	3.72	3.38	3.15	2.99	2.87	2.78	2.70	2.64
25	5.69	4.29	3.69	3.35	3.13	2.97	2.85	2.75	2.68	2.61
26	5.66	4.27	3.67	3.33	3.10	2.94	2.82	2.73	2.65	2.59
27	5.63	4.24	3.65	3.31	3.08	2.92	2.80	2.71	2.63	2.57
28	5.61	4.22	3.63	3.29	3.06	2.90	2.78	2.69	2.61	2.55
29	5.59	4.20	3.61	3.27	3.04	2.88	2.76	2.67	2.59	2.53
30	5.57	4.18	3.59	3.25	3.03	2.87	2.75	2.65	2.57	2.51
40	5.42	4.05	3.46	3.13	2.90	2.74	2.62	2.53	2.45	2.39
60	5.29	3.93	3.34	3.01	2.79	2.63	2.51	2.41	2.33	2.27
120	5.15	3.80	3.23	2.89	2.67	2.52	2.39	2.30	2.22	2.16
∞	5.02	3.69	3.12	2.79	2.57	2.41	2.29	2.19	2.11	2.05

df_1 / df_2	12	15	20	24	30	40	60	120	∞
1	977	985	993	997	1,001	1,006	1,010	1,014	1,018
2	39.4	39.4	39.4	39.5	39.5	39.5	39.5	39.5	39.5
3	14.3	14.3	14.2	14.1	14.1	14.0	14.0	13.9	13.9
4	8.75	8.66	8.56	8.51	8.46	8.41	8.36	8.31	8.26
5	6.52	6.43	6.33	6.28	6.23	6.18	6.12	6.07	6.02
6	5.37	5.27	5.17	5.12	5.07	5.01	4.96	4.90	4.85
7	4.67	4.57	4.47	4.42	4.36	4.31	4.25	4.20	4.14
8	4.20	4.10	4.00	3.95	3.89	3.84	3.78	3.73	3.67
9	3.87	3.77	3.67	3.61	3.56	3.51	3.45	3.39	3.33
10	3.62	3.52	3.42	3.37	3.31	3.26	3.20	3.14	3.08
11	3.43	3.33	3.23	3.17	3.12	3.06	3.00	2.94	2.88
12	3.28	3.18	3.07	3.02	2.96	2.91	2.85	2.79	2.72
13	3.15	3.05	2.95	2.89	2.84	2.78	2.72	2.66	2.60
14	3.05	2.95	2.84	2.79	2.73	2.67	2.61	2.55	2.49
15	2.96	2.86	2.76	2.70	2.64	2.59	2.52	2.46	2.40
16	2.89	2.79	2.68	2.63	2.57	2.51	2.45	2.38	2.32
17	2.82	2.72	2.62	2.56	2.50	2.44	2.38	2.32	2.25
18	2.77	2.67	2.56	2.50	2.44	2.38	2.32	2.26	2.19
19	2.72	2.62	2.51	2.45	2.39	2.33	2.27	2.20	2.13
20	2.68	2.57	2.46	2.41	2.35	2.29	2.22	2.16	2.09
21	2.64	2.53	2.42	2.37	2.31	2.25	2.18	2.11	2.04
22	2.60	2.50	2.39	2.33	2.27	2.21	2.14	2.08	2.00
23	2.57	2.47	2.36	2.30	2.24	2.18	2.11	2.04	1.97
24	2.54	2.44	2.33	2.27	2.21	2.15	2.08	2.01	1.94
25	2.51	2.41	2.30	2.24	2.18	2.12	2.05	1.98	1.91
26	2.49	2.39	2.28	2.22	2.16	2.09	2.03	1.95	1.88
27	2.47	2.36	2.25	2.19	2.13	2.07	2.00	1.93	1.85
28	2.45	2.34	2.23	2.17	2.11	2.05	1.98	1.91	1.83
29	2.43	2.32	2.21	2.15	2.09	2.03	1.96	1.89	1.81
30	2.41	2.31	2.20	2.14	2.07	2.01	1.94	1.87	1.79
40	2.29	2.18	2.07	2.01	1.94	1.88	1.80	1.72	1.64
60	2.17	2.06	1.94	1.88	1.82	1.74	1.67	1.58	1.48
120	2.05	1.95	1.82	1.76	1.69	1.61	1.53	1.43	1.31
∞	1.94	1.83	1.71	1.64	1.57	1.48	1.39	1.27	1.00

(4) $\alpha = 0.01$

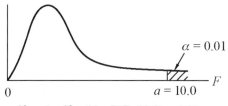

$$df_1 = 1, df_2 = 10, P(F \geq 10.0) = 0.01$$

df₁ / f₂	1	2	3	4	5	6	7	8	9	10
1	4,052	5,000	5,403	5,625	5,764	5,859	5,928	5,982	6,023	6,056
2	98.5	99.0	99.2	99.2	99.3	99.3	99.4	99.4	99.4	99.4
3	34.1	30.8	29.5	28.7	28.2	27.9	27.7	27.5	27.3	27.2
4	21.2	18.0	16.7	16.0	15.5	15.2	15.0	14.8	14.7	14.5
5	16.3	13.3	12.1	11.4	11.0	10.7	10.5	10.3	10.2	10.1
6	13.7	10.9	9.78	9.15	8.75	8.47	8.26	8.10	7.98	7.87
7	12.2	9.55	8.45	7.85	7.46	7.19	6.99	6.84	6.72	6.62
8	11.3	8.65	7.59	7.01	6.63	6.37	6.18	6.03	5.91	5.81
9	10.6	8.02	6.99	6.42	6.06	5.80	5.61	5.47	5.35	5.26
10	10.0	7.56	6.55	5.99	5.64	5.39	5.20	5.06	4.94	4.85
11	9.65	7.21	6.22	5.67	5.32	5.07	4.89	4.74	4.63	4.54
12	9.33	6.93	5.95	5.41	5.06	4.82	4.64	4.50	4.39	4.30
13	9.07	6.70	5.74	5.21	4.86	4.62	4.44	4.30	4.19	4.10
14	8.86	6.51	5.56	5.04	4.70	4.46	4.28	4.14	4.03	3.94
15	8.68	6.36	5.42	4.89	4.56	4.32	4.14	4.00	3.89	3.80
16	8.53	6.23	5.29	4.77	4.44	4.20	4.03	3.89	3.78	3.69
17	8.40	6.11	5.19	4.67	4.34	4.10	3.93	3.79	3.68	3.59
18	8.29	6.01	5.09	4.58	4.25	4.01	3.84	3.71	3.60	3.51
19	8.19	5.93	5.01	4.50	4.17	3.94	3.77	3.63	3.52	3.43
20	8.10	5.85	4.94	4.43	4.10	3.87	3.70	3.56	3.46	3.37
21	8.02	5.78	4.87	4.37	4.04	3.81	3.64	3.51	3.40	3.31
22	7.95	5.72	4.82	4.31	3.99	3.76	3.59	3.45	3.35	3.26
23	7.88	5.66	4.76	4.26	3.94	3.71	3.54	3.41	3.30	3.21
24	7.82	5.61	4.72	4.22	3.90	3.67	3.50	3.36	3.26	3.17
25	7.77	5.57	4.68	4.18	3.86	3.63	3.46	3.32	3.22	3.13
26	7.72	5.53	4.64	4.14	3.82	3.59	3.42	3.29	3.18	3.09
27	7.68	5.49	4.60	4.11	3.78	3.56	3.39	3.26	3.15	3.06
28	7.64	5.45	4.57	4.07	3.75	3.53	3.36	3.23	3.12	3.03
29	7.60	5.42	4.54	4.04	3.73	3.50	3.33	3.20	3.09	3.00
30	7.56	5.39	4.51	4.02	3.70	3.47	3.30	3.17	3.07	2.98
40	7.31	5.18	4.31	3.83	3.51	3.29	3.12	2.99	2.89	2.80
60	7.08	4.98	4.13	3.65	3.34	3.12	2.95	2.82	2.72	2.63
120	6.85	4.79	3.95	3.48	3.17	2.96	2.79	2.66	2.56	2.47
∞	6.63	4.61	3.78	3.32	3.02	2.80	2.64	2.51	2.41	2.32

生物統計學
Biostatistics

df₂ \ df₁	12	15	20	24	30	40	60	120	∞
1	6,106	6,157	6,209	6,235	6,261	6,287	6,313	6,339	6,366
2	99.4	99.4	99.4	99.5	99.5	99.5	99.5	99.5	99.5
3	27.1	26.9	26.7	26.6	26.5	26.4	26.3	26.2	26.1
4	14.4	14.2	14.0	13.9	13.8	13.7	13.7	13.6	13.5
5	9.89	9.72	9.55	9.47	9.38	9.29	9.20	9.11	9.02
6	7.72	7.56	7.40	7.31	7.23	7.14	7.06	6.97	6.88
7	6.47	6.31	6.16	6.07	5.99	5.91	5.82	5.74	5.65
8	5.67	5.52	5.36	5.28	5.20	5.12	5.03	4.95	4.86
9	5.11	4.96	4.81	4.73	4.65	4.57	4.48	4.40	4.31
10	4.71	4.56	4.41	4.33	4.25	4.17	4.08	4.00	3.91
11	4.40	4.25	4.10	4.02	3.94	3.86	3.78	3.69	3.60
12	4.16	4.01	3.86	3.78	3.70	3.62	3.54	3.45	3.36
13	3.96	3.82	3.66	3.59	3.51	3.43	3.34	3.25	3.17
14	3.80	3.66	3.51	3.43	3.35	3.27	3.18	3.09	3.00
15	3.67	3.52	3.37	3.29	3.21	3.13	3.05	2.96	2.87
16	3.55	3.41	3.26	3.18	3.10	3.02	2.93	2.84	2.75
17	3.46	3.31	3.16	3.08	3.00	2.92	2.83	2.75	2.65
18	3.37	3.23	3.08	3.00	2.92	2.84	2.75	2.66	2.57
19	3.30	3.15	3.00	2.92	2.84	2.76	2.67	2.58	2.49
20	3.23	3.09	2.94	2.86	2.78	2.69	2.61	2.52	2.42
21	3.17	3.03	2.88	2.80	2.72	2.64	2.55	2.46	2.36
22	3.12	2.98	2.83	2.75	2.67	2.58	2.50	2.40	2.31
23	3.07	2.93	2.78	2.70	2.62	2.54	2.45	2.35	2.26
24	3.03	2.89	2.74	2.66	2.58	2.49	2.40	2.31	2.21
25	2.99	2.85	2.70	2.62	2.53	2.45	2.36	2.27	2.17
26	2.96	2.81	2.66	2.58	2.50	2.42	2.33	2.23	2.13
27	2.93	2.78	2.63	2.55	2.47	2.38	2.29	2.20	2.10
28	2.90	2.75	2.60	2.52	2.44	2.35	2.26	2.17	2.06
29	2.87	2.73	2.57	2.49	2.41	2.33	2.23	2.14	2.03
30	2.84	2.70	2.55	2.47	2.39	2.30	2.21	2.11	2.01
40	2.66	2.52	2.37	2.29	2.20	2.11	2.02	1.92	1.80
60	2.50	2.35	2.20	2.12	2.03	1.94	1.84	1.73	1.60
120	2.34	2.19	2.03	1.95	1.86	1.76	1.66	1.53	1.38
∞	2.18	2.04	1.88	1.79	1.70	1.59	1.47	1.32	1.00

附錄五　習題解答

第一章

1. 間斷型態資料：(3)、(4)、(5)
   連續型態資料：(1)、(2)

2. 名目尺度：(1)、(2)、(3)、(4)、(5)、(6)
   順序尺度：(7)、(8)
   等距尺度：(9)
   比例尺度：(10)、(11)、(12)

3. 由表 1-1 之隨機號碼表等 11 及第 12 行所選出的 5 個號碼為 19，09，34，45，02。

4. 抽機區間長度為 100/10=10，而起始號為 6。
   故所選取之號碼為 6，16，26，36，46，56，66，76，86，96。

5. 100:75:125=4:3:5
   疾病 A 病人選取 $60 \times \dfrac{4}{12} = 20$ 名
   疾病 B 病人選取 $60 \times \dfrac{3}{12} = 15$ 名
   疾病 C 病人選取 $60 \times \dfrac{5}{12} = 25$ 名

第二章

1. 次數分配表

年齡	劃記	次數
18	一	1
19	正一	6
20	正丁	7
21	正	5
22	一	1
統計		20

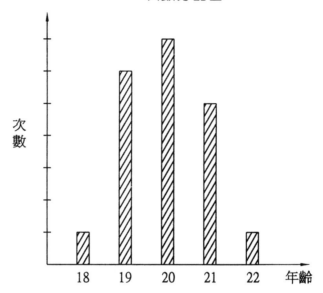

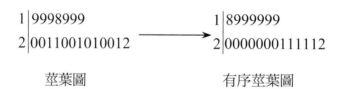

2.

體　　重	劃　　記	次　　數	累積次數	相對次數
20－25	丁	2	2	0.05
25－30	正 正	9	11	0.225
30－35	正 正	9	20	0.225
35－40	正 正 一	11	31	0.275
40－45	正 正	9	40	0.225
合　　計		40		1.000

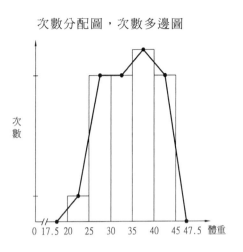

次數分配圖，次數多邊圖

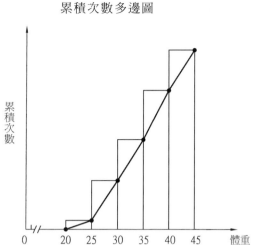

累積次數多邊圖

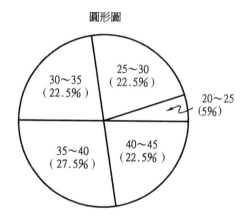

圓形圖

第三章

1. (1)9.43　(2)9.6　(3)9.6　(4)6.4　(5)1.847　(6)3.41　(7)19.58%

2. (1)40　(2)41.5　(3)無　(4)35　(5)11.64　(6)135.56　(7)29.107%

3. 平均發病年齡為 $\dfrac{37\times100+40\times80+32\times120}{300}=35.8$（歲），標準差為 3.32 歲。

4. (1)62.25　(2)63.75　(3)8.69　(4)13.97%

5. (1)14.55　(2)14.26　(3)7.29　(4)50.07%

6. r=0.89

第四章

1. 罹患疾病 A 機率為 3/10=0.3

   (1) $C_3^5 \cdot (0.3)^3(0.7)^2$=0.1323

   (2) $1 - C_0^5 \cdot (0.7)^5$=0.8319

2. (1) $C_2^6 (0.05)^2(0.95)^4$=0.0305

   (2) $C_0^6 (0.05)^0(0.95)^6$=0.7351

3. 期望值=1000×0.9=900

   標準差=$\sqrt{1000 \times 0.9 \times 0.1} = \sqrt{90} = 9.487$

4. (1) $P(X=5)=e^{-6} \cdot 6^5/5!$=0.1606

   (2) $P(X \geq 2)=1 - P(X=0) - P(X=1)=1 - e^{-6} - e^{-6} \cdot 6 = 0.9826$

5. 期望值=6

   標準差=$\sqrt{6}$=2.45

6. 平均數為 1000×0.2%=2

   (1) $P(X=2)=e^{-2} \cdot 2^2/2!$=0.2707

   (2) $P(X \geq 1)=1 - P(X=0)=1 - e^{-2}$=0.8647

7. (1) $P(Z \leq 1)$=0.8413

   (2) $P(Z \leq -1)$=0.1587

   (3) $P(Z \geq 1.5)$=0.0668

   (4) $P(Z \geq -0.5)$=0.6915

8. (1) $P(X \leq 110) = P\left(\frac{X-100}{10} \leq \frac{110-100}{10}\right) = P(Z \leq 1) = 0.8413$

   (2) $P(X \leq 90) = P\left(\frac{X-100}{10} \leq \frac{90-100}{10}\right) = P(Z \leq -1) = 0.1587$

   (3) $P(X \geq 115) = P\left(\frac{X-100}{10} \geq \frac{115-100}{10}\right) = P(Z \geq 1.5) = 0.0668$

   (4) $P(X \leq 95) = P\left(\frac{X-100}{10} \leq \frac{95-100}{10}\right) = P(Z \leq -0.5) = 0.3085$

9. (1) $P(X > 80) = P\left(\frac{X-70}{5} > \frac{80-70}{5}\right) = P(Z > 2) = 0.0228$

(2) $P(X < 60) = P\left(\dfrac{X-70}{5} < \dfrac{60-70}{5}\right) = P(Z < -2) = 0.0228$

(3) $P(65 < X > 70) = P\left(\dfrac{65-70}{5} < \dfrac{X-70}{5} < \dfrac{70-70}{5}\right)$

$\qquad = P(-1 < Z < 0) = 0.3413$

(4) $P(60 < X < 75) = P\left(\dfrac{60-70}{5} < \dfrac{X-70}{5} < \dfrac{75-70}{5}\right)$

$\qquad = P(-2 < Z < 1) = 0.8185$

10. (1)$a=0.84$　(2)$a=-1.28$　(3)$a=1.645$　(4)$a=2.33$　(5)$a=1.28$

　　(6)$a=1.645$

11. (1) $P(X \le a) = P\left(\dfrac{X-50}{3} \le \dfrac{a-50}{3}\right) = P\left(Z \le \dfrac{a-50}{3}\right) = 0.95$

$\qquad \dfrac{a-50}{3} = 1.645 \Rightarrow a = 54.935$

　　(2) $P(X \ge a) = P\left(\dfrac{X-50}{3} \ge \dfrac{a-50}{3}\right) = P\left(Z \ge \dfrac{a-50}{3}\right) = 0.95$

$\qquad \dfrac{a-50}{3} = -1.645 \Rightarrow a = 45.065$

　　(3) $P(a \le X \le b) = P\left(\dfrac{a-50}{3} \le \dfrac{X-50}{3} \le \dfrac{b-50}{3}\right)$

$\qquad = P\left(\dfrac{a-50}{3} \le Z \le \dfrac{b-50}{3}\right) = 0.95$

$\qquad \dfrac{a-50}{3} = -1.96 \Rightarrow a = 44.12$

$\qquad \dfrac{b-50}{3} = 1.96 \Rightarrow b = 55.88$

12. (1) $a=1.383$　(2)$a=-1.383$　(3)$a=1.8331$

13. (1) $a=12.592$　(2)$b=1.635$

14. (1)$a=2.33$　(2)$b=1/2.90=0.3448$

📊 第五章

1. 樣本平均數為一平均數 165 公分,標準差 1 公分之常態分配。

   (1) $P(\bar{X} > 165.5) = P(Z > 0.5) = 0.3085$

   (2) $P(\bar{X} < 163.5) = P(Z < -1.5) = 0.0668$

2. 樣本均數為一平均數 60 歲,標準差 1 歲之常態分配。

   (1) $P(58 < \bar{X} < 59) = P(-2 < Z < -1) = 0.1359$

   (2) $P(60 < \bar{X} < 63) = P(0 < Z < 3) = 0.4987$

3. 樣本平均數差為一平均數 10 分,標準差 5 分之常態分配。

   (1) $P(|\bar{X}_1 - \bar{X}_2| < 15) = P(-5 < Z < 1) = 0.8413$

   (2) $P(\bar{X}_2 - \bar{X}_1 > 20) = P(Z > 2) = 0.0228$

4. 樣本平均數差為一平均數 0.5mg/dl,標準差 0.14mg/dl 之常態分配。

   (1) $P(|\bar{X}_1 - \bar{X}_2| < 0.2) = P(-5 < Z < -2.14) = 0.0162$

   (2) $P(\bar{X}_1 - \bar{X}_2 > 0.1) = P(Z > -2.86) = 0.9979$

5. 樣本比例為一平均數 0.6,標準差 $\sqrt{\dfrac{0.6 \times 0.4}{300}} = 0.0283$ 之常態分配。

   (1) $P(\bar{P} \geq 0.65) = P(Z \geq 1.77) = 0.0384$

   (2) $P(\bar{P} \leq 0.5) = P(Z \leq -3.53) = 0$

6. 樣本比例差為一平均數 0.1,標準差 $\sqrt{\dfrac{0.8 \times 0.2}{200} + \dfrac{0.7 \times 0.3}{100}} = 0.0539$ 之常態
   分配。

   (1) $P(\bar{P}_1 - \bar{P}_2 > 0) = P(Z > -1.86) = 0.9686$

   (2) $P(|\bar{P}_1 - \bar{P}_2| < 0.05) = P(-0.05 < \bar{P}_1 - \bar{P}_2 < 0.05) = P(-2.78 < Z < -0.93)$
   $= 0.1735$

📊 第六章

1. $Z_{0.005} = 2.575$

   $$\bar{x} \pm Z_{0.005} \frac{\sigma}{\sqrt{n}} = 45 \pm 2.575 \times \frac{10}{\sqrt{25}} = 45 \pm 5.15$$

   故 99% 之信賴區間為(39.85,50.15)

2. $Z_{0.025}$=1.96

$$\bar{x} \pm Z_{0.025} \frac{\sigma}{\sqrt{n}} = 123.0 \pm 1.96 \times \frac{10}{\sqrt{100}} = 123.0 \pm 1.96$$

故 95%之信賴區間為(121.04，124.96)

3. $t_{(0.05, 8)}$=1.8595

$$\bar{x} \pm t_{(0.05, 8)} \times \frac{s}{\sqrt{n}} = 35.4 \pm 1.8595 \times \frac{3.6}{\sqrt{9}} = 35.4 \pm 2.23$$

故 90%之信賴區間為(33.17，37.63)

4. $Z_{0.005}$=2.575

$$\bar{x}_1 - \bar{x}_2 \pm Z_{0.005}\sqrt{\frac{10^2}{20} + \frac{12^2}{36}} = (45-40) \pm 2.575 \times 3 = 5 \pm 7.725$$

故 99%之信賴區間為(-2.725，12.725)

5. $Z_{0.025}$=1.96

$$\bar{x}_1 - \bar{x}_2 \pm Z_{0.0025}\sqrt{\frac{18^2}{36} + \frac{24^2}{36}} = (50-70) \pm 1.96 \times 5 = -20 \pm 9.8$$

故 95%之信賴區間為(-29.8，-10.2)

6. $Z_{0.05}$=1.645，$Z_{0.025}$=1.96，$Z_{0.005}$=2.575

(1) $\bar{p} = 0.125$　$S_{\bar{p}} = \sqrt{\frac{0.125 \times 0.875}{200}} = 0.0234$

　　a. 0.125±1.645×0.0234=0.125±0.0385

　　b. 0.125±1.96×0.0234=0.125±0.0459

　　c. 0.125±2.575×0.0234=0.125±0.0603

(2) $\bar{p} = 0.3$　$S_{\bar{p}} = \sqrt{\frac{0.3 \times 0.7}{1000}} = 0.0145$

　　a. 0.3±1.645×0.0145=0.3±0.02385

　　b. 0.3±1.96×0.0145=0.3±0.02842

　　c. 0.3±2.575×0.0145=0.3±0.03734

7. $Z_{0.025}$=1.96，$\bar{p} = 0.8$　$S_{\bar{p}} = \sqrt{\frac{0.8 \times 0.2}{100}} = 0.04$

$$\bar{p} \pm Z_{0.025} \times \sigma_{\bar{p}} = 0.8 \pm 1.96 \times 0.04 = 0.8 \pm 0.0784$$

故 95%之信賴區間為(0.7216，0.8784)

8. $Z_{0.025}=1.96$, $\bar{p}_1 = 0.3$, $\bar{p}_2 = 0.4$

$$S_{\bar{p}1-\bar{p}2} = \sqrt{\frac{0.3 \times 0.7}{50} + \frac{0.4 \times 0.6}{50}} = 0.095$$

$(0.3 - 0.4) \pm 1.96 \times 0.095 = -0.1 \pm 0.1862$

故 95%之信賴區間為$(-0.2862，0.0862)$

9. $Z_{0.05}=1.645$, $\bar{p}_1 = 0.5$, $\bar{p}_2 = 0.1$

$$S_{\bar{p}1-\bar{p}2} = \sqrt{\frac{0.5 \times 0.5}{200} + \frac{0.1 \times 0.9}{200}} = 0.041$$

$(0.5 - 0.1) \pm 1.645 \times 0.041 = 0.4 \pm 0.0674$

故 90%之信賴區間為$(0.3326，0.4674)$

10. $\chi^2_{(0.95,9)}=3.325$, $\chi^2_{(0.05,9)}=16.919$

$$3.325 < \frac{9 \times 1.2^2}{\sigma^2} < 16.919$$

$0.766 < \sigma^2 < 3.898$

故母體變異數的 90%之信賴區間為$(0.766，3.898)$

11. $\chi^2_{(0.975,4)}=0.484$, $\chi^2_{(0.025,4)}=11.143$

$$0.484 < \frac{4 \times 1.2^2}{\sigma^2} < 11.143$$

$0.5169 < \sigma^2 < 11.9008$

$0.72 < \sigma < 3.45$

故母體標準差的 95%之信賴區間為$(0.72，3.45)$

12. $F_{(0.975,9,12)} = \dfrac{1}{F_{(0.025,12,9)}} = \dfrac{1}{3.87}$, $F_{(0.025,9,12)}=3.44$

$$\frac{1}{3.87} < \frac{5^2/\sigma_1^2}{3.6^2/\sigma_2^2} < 3.44$$

$$0.56 < \frac{\sigma_1^2}{\sigma_2^2} < 7.47$$

故兩母體變異數的 95%之信賴區間為$(0.56，7.47)$

📊 第七章

1. 此為一右尾的假設檢定
   (1) 虛無假設 H_0：$\mu=180$
      對立假設 H_1：$\mu>180$
   (2) 右尾檢定，$\alpha=0.05$，Z 檢定
      臨界值：$Z_{0.05}=1.645$
   (3) 拒絕域：$Z>1.645$
   (4) 檢定統計量：$Z=\dfrac{200-180}{\dfrac{35}{\sqrt{16}}}=2.286$
   (5) 因為 2.286 落在拒絕域中，所以拒絕虛無假設 H_0。
      即該地區成人血液中膽固醇含量較一般人為高。

2. 此為一右尾的假設檢定
   (1) 虛無假設 H_0：$\mu\leq3$
      對立假設 H_1：$\mu>3$
   (2) 右尾檢定，$\alpha=0.05$，t 檢定
      臨界值：$t_{(0.05,5)}=2.015$
   (3) 拒絕域：$t>2.015$
   (4) 檢定統計量：$\bar{x}=3.75$，$S=0.758$
      $t=\dfrac{3.75-3}{\dfrac{0.758}{\sqrt{6}}}=2.424$
   (5) 因為 2.424>2.015，所以拒絕虛無假設 H_0。
      即該速食品所含防腐劑的量高於國家所訂之標準。

3. 由於樣本數 22 及 30 符合(≤30)的條件
   ∴首先檢定 $H_0:\sigma_1^2=\sigma_2^2$

   $$H_1:\sigma_1^2\neq\sigma_2^2$$

   $$\frac{7.9^2}{6.8^2}=\frac{62.41}{46.24}=1.35<F_{(0.025,21,29)}$$

   ∴無法拒絕虛無假設。
   故假設 $\sigma_1^2=\sigma_2^2$。
   其次，檢定平均數是否相等，此為一雙尾的假設檢定。

(1) 虛無假設 H_0： $\mu_1 = \mu_2$

對立假設 H_1： $\mu_1 \neq \mu_2$

(2) 雙尾檢定，$\alpha = 0.05$，Z 檢定

臨界值：$t_{(0.025,50)} = Z_{0.025} = 1.96$

(3) 拒絕域：$t > 1.96$ 或 $t < -1.96$

$$S_p^2 = \frac{(21)(7.9)^2 + (29)(6.8)^2}{(21) + (29)} = 53.014$$

$$S_p \approx 7.28$$

(4) 檢定統計量：$t = \dfrac{168.5 - 160.2}{7.28\sqrt{\dfrac{1}{22} + \dfrac{1}{30}}} = 4.06$

(5) 因為 4.06 落在拒絕域中，所以拒絕虛無假設 H_0。

即該校男、生身高有顯著性差異存在。

4. 此為一左尾的假設檢定

(1) 虛無假設 H_0： $\mu_1 \geq \mu_2$

對立假設 H_1： $\mu_1 < \mu_2$

(2) 左尾檢定，$\alpha = 0.05$，Z 檢定

臨界值：$Z_{0.05} = 1.645$

(3) 拒絕域：$Z > -1.645$

(4) 檢定統計量：$Z = \dfrac{98.4 - 99.4}{\sqrt{\dfrac{0.5^2}{100} + \dfrac{1^2}{100}}} = -8.94$

(5) 因為 $-8.94 < -1.645$，所以拒絕虛無假設 H_0。

即健康男性之體溫較結核病男性之體溫為低。

5. 此為一右尾的假設檢定，$\bar{p} = 130/150 = 0.87$

(1) 虛無假設 H_0：$p \leq 0.85$

對立假設 H_1：$p > 0.85$

(2) 右尾檢定，$\alpha = 0.05$，Z 檢定

臨界值：$Z_{0.05} = 1.645$

(3) 拒絕域：$Z > 1.645$

(4) 檢定統計量：$Z = \dfrac{130/150 - 0.85}{\sqrt{\dfrac{0.85 \times 0.15}{150}}} = 0.572$

(5) 因為 $0.572 \not> 1.645$，所以不能拒絕虛無假設 H_0。
即該製藥商的宣稱不太屬實。

6. 此為一右尾的假設檢定，$\bar{p}_1 = 90/200 = 0.45$，$\bar{p}_2 = 30/100 = 0.3$，
$\bar{p} = 120/300 = 0.4$

(1) 虛無假設 H_0：$p_1 \leq p_2$
對立假設 H_1：$p_1 > p_2$

(2) 右尾檢定，$\alpha = 0.05$，Z 檢定
臨界值：$Z_{0.05} = 1.645$

(3) 拒絕域：$Z > 1.645$

(4) 檢定統計量：$Z = \dfrac{0.45 - 0.3}{\sqrt{0.4 \times 0.6 \times (\frac{1}{200} + \frac{1}{100})}} = 2.5$

(5) 因為 $2.5 > 1.645$，所以拒絕虛無假設 H_0。
即都市學童患近視的比率高於鄉村學童。

7. 此為一左尾的假設檢定，

(1) 虛無假設 H_0：$\sigma^2 \geq 25$
對立假設 H_1：$\sigma^2 < 25$

(2) 左尾檢定，$\alpha = 0.05$，χ^2 檢定
臨界值：$\chi^2_{(0.95,6)} = 1.635$

(3) 拒絕域：$\chi^2 < 1.635$

(4) 檢定統計量：$\chi^2 = \dfrac{6 \times (2.5)^2}{25} = 1.5$

(5) 因為 $1.5 < 1.635$，所以拒絕虛無假設 H_0。
即該些學童之體重變異數較該母體為小。

8. 此為一雙尾的假設檢定

(1) 虛無假設 $H_0 : \sigma_1^2 = \sigma_2^2$
對立假設 $H_1 : \sigma_1^2 \neq \sigma_2^2$

(2) 雙尾檢定，$\alpha = 0.05$，F 檢定
臨界值：$F_{(0.975,9,15)} = 1/3.77 = 0.265$，$F_{(0.025,9,15)} = 3.12$

(3) 拒絕域：$F < 0.265$ 或 $F > 3.12$

(4) 檢定統計量：$F = \dfrac{15}{55} = 0.273$

(5) 因為 $0.273 \not< 0.265$，所以不能拒絕虛無假設 H_0。
即男女生體重的變異數沒有顯著性的不同。

第八章

1. (1) 虛無假設 H_0：日期與車禍求診的人數無關。

   對立假設 H_1：日期與車禍求診的人數有關。

   (2) 臨界值：$\alpha = 0.05$，$\chi^2_{(0.05,6)} = 12.592$

   (3) 拒絕域：$\chi^2 > 12.592$

   (4) 檢定統計量：$\chi^2 = \dfrac{(8-10)^2}{10} + \dfrac{(12-10)^2}{10} + \dfrac{(6-10)^2}{10} + \dfrac{(11-10)^2}{10}$

   $\qquad\qquad\qquad + \dfrac{(9-10)^2}{10} + \dfrac{(10-10)^2}{10} + \dfrac{(14-10)^2}{10} = 4.2$

   (5) 因為 $4.2 \not> 12.592$，所以不能拒絕虛無假設 H_0。

   即日期與車禍求診人數無關。

2. (1) 虛無假設 H_0：乙地區人口的血型分佈和甲地區沒有差異。

   對立假設 H_1：乙地區人口的血型分佈和甲地區有差異。

   (2) 臨界值：$\alpha = 0.05$，$\chi^2_{(0.05,3)} = 7.815$

   (3) 拒絕域：$\chi^2 > 7.815$

   (4) 檢定統計量：$\chi^2 = \dfrac{(82-90)^2}{90} + \dfrac{(74-80)^2}{80} + \dfrac{(26-20)^2}{20} + \dfrac{(18-10)^2}{10}$

   $\qquad\qquad\qquad = 9.36$

   (5) 因為 $9.36 > 7.815$，所以拒絕虛無假設 H_0。

   即乙地區人口的血型分佈和甲地區有顯著性差異。

3. 其觀察次數與期望次數如下所示：

	服用新藥	服用寬心劑	合計
有改善	75(70)	65(70)	140
沒有改善	25(30)	35(30)	60
合　　計	100	100	200

   (1) 虛無假設 H_0：服用新藥與病情改善無關。

   對立假設 H_1：服用新藥與病情改善有關。

   (2) 臨界值：$\alpha = 0.05$，$\chi^2_{(0.05,1)} = 3.481$

   (3) 拒絕域：$\chi^2 > 3.481$

(4) 檢定統計量：$\chi^2 = \dfrac{(75-70)^2}{70} + \dfrac{(65-70)^2}{70} + \dfrac{(25-30)^2}{30} + \dfrac{(35-30)^2}{30}$

$= 2.38$

(5) 因為 $2.38 \not> 3.481$，所以不能拒絕虛無假設 H_0。

即服用新藥與病情改善無關。

4. 其觀察次數與期望次數如下表所示：

治療方法　　人數	生存數	死亡數	合計
A 法	35(50)	65(50)	100
B 法	75(50)	25(50)	100
C 法	40(50)	60(50)	100
合計	150	150	300

(1) 虛無假設 H_0：治療方法與存活率無關。

對立假設 H_1：治療方法與存活率有關。

(2) 臨界值：$\alpha = 0.05$，$\chi^2_{(0.05, 2)} = 5.991$

(3) 拒絕域：$\chi^2 > 5.991$

(4) 檢定統計量：$\chi^2 = \dfrac{(35-50)^2}{50} + \dfrac{(65-50)^2}{50} + \dfrac{(75-50)^2}{50} + \dfrac{(25-50)^2}{50}$

$+ \dfrac{(45-50)^2}{50} + \dfrac{(60-50)^2}{50} = 38$

(5) 因為 $38 > 5.991$，所以拒絕虛無假設 H_0。

即三種治療方法的存活率不同。

5. 其觀察次數與期望次數如下表所示：

居住區域　　疾病	A	B	C	D	合計
北部	18(19.25)	33(27.5)	27(24.75)	10(16.5)	88
中部	20(20.125)	27(28.75)	32(25.875)	13(17.25)	92
南部	25(23.625)	30(33.75)	22(30.375)	31(20.25)	108
合計	63	90	81	54	288

(1) 虛無假設 H_0：疾病的種類與居住區域無關。

對立假設 H_1：疾病的種類與居住區域有關。

(2) 臨界值：$\alpha = 0.05$，$\chi^2_{(0.05,6)} = 12.592$

(3) 拒絕域：$\chi^2 > 12.592$

(4) 檢定統計量：$\chi^2 = \dfrac{(18-19.25)^2}{19.25} + \dfrac{(33-27.5)^2}{27.5} + \dfrac{(27-24.75)^2}{24.75}$

$$+ \dfrac{(10-16.5)^2}{16.5} + \dfrac{(20-20.125)^2}{20.125} + \dfrac{(27-28.75)^2}{28.75}$$

$$+ \dfrac{(32-25.875)^2}{25.875} + \dfrac{(13-17.25)^2}{17.25} + \dfrac{(25-23.625)^2}{23.625}$$

$$+ \dfrac{(30-33.75)^2}{33.75} + \dfrac{(22-30.375)^2}{30.375} + \dfrac{(31-20.25)^2}{20.25}$$

$$= 15.063$$

(5) 因為 15.063>12.592，所以拒絕虛無假設 H_0。

即疾病種類與居住區域有關。

6. 其觀察次數與期望次數如下表所示：

	O 型	A 型	B 型	AB 型	合計
胃潰瘍	400(450)	400(360)	70(72)	30(18)	900
十二指腸潰湯	1000(950)	700(760)	150(152)	50(38)	1900
正常人	3100(3100)	2500(2480)	500(496)	100(124)	6200
合計	4500	3600	720	180	9000

(1) 虛無假設 H_0：血型與胃腸潰瘍無關。

對立假設 H_1：血型與胃腸潰瘍有關。

(2) 臨界值：$\alpha = 0.05$，$\chi^2_{(0.05,6)} = 12.592$

(3) 拒絕域：$\chi^2 > 12.592$

(4) 檢定統計量：$\chi^2 = \dfrac{(400-450)^2}{450} + \dfrac{(400-360)^2}{360} + \dfrac{(70-72)^2}{72}$

$$+ \dfrac{(30-18)^2}{18} + \dfrac{(1000-950)^2}{950} + \dfrac{(700-760)^2}{760}$$

$$+ \dfrac{(150-152)^2}{152} + \dfrac{(50-38)^2}{38} + \dfrac{(3100-3100)^2}{3100}$$

$$+ \dfrac{(2500-2480)^2}{2480} + \dfrac{(500-496)^2}{496} + \dfrac{(100-124)^2}{124}$$

$$= 34.078$$

(5) 因為 34.078>12.592，所以拒絕虛無假設 H_0。

即血型與胃湯潰瘍有關。

📊 第九章

1. (1) 虛無假設 H_0：不同的藥物注射對血糖值沒有影響。

　　對立假設 H_1：不同的藥物注射對血糖值有影響。

(2) 變異數分析表：

變異來源	變異數	自由度	均方	F 值
組　間	10	2	5	0.5
組　內	120	12	10	
總　和	130	14		

(3) $\alpha = 0.05$，$F_{(0.05,2,12)} = 3.89$

(4) 因為 0.5<3.89，所以不能拒絕 H_0。

　　即不同的藥物注射對血糖值沒有顯著性差異。

2. (1) 虛無假設 H_0：不同的藥物治療沒有差異。

　　對立假設 H_1：不同的藥物治療有差異。

(2) 變異數分析表：

變異來源	變異數	自由度	均方	F 值
組　間	13.33	2	6.67	2.67
組　內	30	12	2.5	
總和	43.33	14		

(3) $\alpha = 0.05$，$F_{(0.05,2,12)} = 3.89$

(4) 因為 2.67＜3.89，所以不能拒絕 H_0。

　　即不同的藥物治療沒有顯著性的差異存在。

3. (1) 虛無假設 H_0：不同的治療方法沒有差異。

　　對立假設 H_1：不同的治療方法有差異。

(2) 臨界值：$\alpha = 0.05$，$F_{(0.05,3,22)} = 3.05$

(3) 拒絕域：$F>3.05$

(4) 變異數分析表:

變異來源	變異數	自由度	均方	F 值
組間	120.13	3	40.04	34.10
組內	25.83	22	1.17	
總和	145.96	25		

(5) 因為 34.10>3.05,所以拒絕 H_0。
即不同的治療方法有顯著性的差異。

4. (1) 虛無假設 H_0:三種病人的初診年齡沒有不同。
對立假設 H_1:三種病人的初診年齡有不同。

(2) 臨界值:$\alpha =0.05$,$F_{(0.05,2,15)}=3.68$

(3) 拒絕域:$F>3.68$

(4) 變異數分析表:

變異來源	變異數	自由度	均方	F 值
組間	142.94	2	71.47	28.2
組內	38	15	2.53	
總和	180.94	17		

(5) 因為 28.2>3.68,所以拒絕 H_0。

即 A、B、C 三種病人之初診年齡有顯著的不同。

5. (1) 虛無假設 H_0:年齡層不同對平均止痛時間沒有影響。
對立假設 H_1:年齡層不同對平均止痛時間有影響。
虛無假設 H_0:止痛藥不同對平均止痛時間沒有影響。
對立假設 H_1:止痛藥不同對平均止痛時間有影響。

(2) 二因子變異數分析表:

變異來源	變異數	自由度	均方	F 值
年齡層因子	105.5	2	52.75	25.32
止痛藥因子	106	3	35.33	16.96
誤　差	12.5	6	2.083	
總　和	224	11		

(3) 臨界值：α =0.05，$F_{(0.05,2,6)}$=5.14，$F_{(0.05,3,6)}$=4.76

(4) 　因為 25.32>5.14，所以拒絕 H_0。

即年齡層不同對患者的平均止痛時間有影響。

因為 16.96>4.76，所以拒絕 H_0。

即止痛藥不同對患者的平均止痛時間有影響。

6. (1) 建立假設

(a) 虛無假設 H_0：$\tau_1 = \tau_2$（表示性別不同對其所需的學習時間沒有差異）

對立假設 H_1：$\tau_1 \neq \tau_2$（表示性別不同對其所需的學習時間有差異）。

(b) 虛無假設 H_0：$r_{\text{I}} = r_{\text{II}} = r_{\text{III}}$（表示教導方式不同對其所需的學習時間沒有差異），

對立假設 H_1：並非所有的 r_j 都相等（表示教導方式不同對其所需的學習時間有差異）。

(c) 虛無假設 H_0：性別與教導方式沒有交互作用存在，

對立假設 H_1：性別與教導方式有交互作用存在。

(2) 二因子變異數分析表

變異來源	變異數	自由度	均方	F 值
性別因子	480.5	1	480.5	2.487
教導方式因子	847	2	423.5	2.192
交互作用	301	2	150.5	0.779
誤　差	2318	12	193.17	
總　和	3946.5	17		

(3) 臨界值：α=0.05，$F_{(0.05,1,12)}$=4.75 及 $F_{(0.05,2,12)}$=3.89。

(4) (a) 由於 F_A=2.487<$F_{(0.05,1,12)}$=4.75，所以接受虛無假設 H_0，即性別不同對其所需的學習時間沒有顯著性差異。

(b) 由於 F_B=2.192<$F_{(0.05,2,12)}$=3.89，所以接受虛無假設 H_0，即教導方式不同對其所需的學習時間沒有顯著性差異。

(c) 由於 F_{AB}=0.779<$F_{(0.05,2,12)}$=3.89，所以接受虛無假設 H_0，即性別因子與教導方式因子沒有交互作用存在。

第十章

1. (1) 略。

(2) $S_{xx} = \sum_{i=1}^{n} (x_i - \overline{x})^2 = \sum_{i=1}^{n} x_i^2 - \dfrac{(\sum_{i=1}^{n} x_i)^2}{n} = 39.09 - \dfrac{17.1^2}{8} = 2.53875$，

$S_{xy} = \sum_{i=1}^{n} (x_i - \overline{x})(y_i - \overline{y}) = \sum_{i=1}^{n} x_i y_i - \dfrac{\sum_{i=1}^{n} x_i \sum_{i=1}^{n} y_i}{n}$

$= 180.32 - \dfrac{17.1 \times 78.6}{8} = 12.3125$，

$S_{yy} = \sum_{i=1}^{n} (y_i - \overline{y})^2 = \sum_{i=1}^{n} y_i^2 - \dfrac{(\sum_{i=1}^{n} y_i)^2}{n} = 838.38 - \dfrac{78.6^2}{8} = 66.135$，

$r = \dfrac{12.3125}{\sqrt{2.53875 \times 66.135}} = 0.95$ 。

(3) $\hat{Y} = -0.54 + 4.85X$

(4) 當儀器使用時間增加一年，維修費用會增加 4850 元。

(5) $\hat{Y} = -0.54 + 4.85 \times 2 = 9.16$，維修費用的預測值為 9,160 元。

(6) $r^2 = 0.9029$，在此廻歸模式中，由儀器使用時間長短所引起的變異佔了總變異的 90.29 %。

(7) $SSE = S_{yy} - \dfrac{S_{xy}^2}{S_{xx}} = 66.135 - \dfrac{12.3125^2}{2.53875} = 6.4215$，故 σ^2 之不偏估計值

為 $\sigma^2 = SSE/(n-2) = 6.4215/6 = 1.07025$。

(8) 查表得知，$t_{(0.005, 6)} = 3.7074$，對斜率 β_1 而言，其 99% 之信賴區間

為 $4.85 \pm 3.7074\sqrt{\dfrac{1.07025}{2.53875}} = 4.85 \pm 2.407$，即 (2.443, 7.257) 為其 99%

之信賴區間。也就是說，我們有 99% 的把握，確信斜率 β_1 之值會

落在 2.443 至 7.257 之間。

(9) $SSR = \dfrac{S_{xy}^2}{S_{xx}} = \dfrac{12.3125^2}{2.53875} = 59.7135$，變異數分析表如下：

變異數分析表

變異來源	變異數	自由度	均方	F 值
迴歸	59.7135	1	59.7135	55.79
殘差	6.4125	6	1.07025	
總和	66.135	7		

(10) 在 $\alpha = 0.05$ 時之顯著水準之下，欲檢定迴歸係數 β_1 是否為零，其統計假設為 $H_0 : \beta_1 = 0$ ，$H_1 : \beta_1 \neq 0$。用變異數分析法(ANOVA)檢定，查表得知，$F_{(0.05,\,1,\,6)} = 5.99$。因為 $55.79 > 5.99$，所以，拒絕 $H_0 : \beta_1 = 0$ 之假設。即儀器使用時間的長短與維修費用之間有迴迴歸關係存在，儀器使用時間這項因子應該引入迴歸模式中。

(11) $9.16 \pm 3.7074 \sqrt{1.07025(\dfrac{1}{8} + \dfrac{(2-2.1375)^2}{2.53875})} = 9.16 \pm 1.39$，即

(7.77, 10.55) 為其 99% 之信賴區間。

(12) $9.16 \pm 3.7074 \sqrt{1.07025(1 + \dfrac{1}{8} + \dfrac{(2-2.1375)^2}{2.53875})} = 9.16 \pm 4.08$，即

(5.08, 13.24) 為其 99% 之信賴區間。

2. (1) 略。

(2) $S_{xx} = \displaystyle\sum_{i=1}^{n}(x_i - \overline{x})^2 = \sum_{i=1}^{n}x_i^2 - \dfrac{(\sum_{i=1}^{n}x_i)^2}{n} = 43592 - \dfrac{652^2}{10} = 1081.6$，

$S_{xy} = \displaystyle\sum_{i=1}^{n}(x_i - \overline{x})(y_i - \overline{y}) = \sum_{i=1}^{n}x_i y_i - \dfrac{\sum_{i=1}^{n}x_i \sum_{i=1}^{n}y_i}{n}$

$= 96419 - \dfrac{652 \times 1466}{10} = 835.8$，

$S_{yy} = \displaystyle\sum_{i=1}^{n}(y_i - \overline{y})^2 = \sum_{i=1}^{n}y_i^2 - \dfrac{(\sum_{i=1}^{n}y_i)^2}{n} = 215764 - \dfrac{1466^2}{10} = 848.4$，

$r = \dfrac{835.8}{\sqrt{1081.6 \times 848.4}} = 0.8725$ 。

(3) $\hat{Y} = 96.2 + 0.77X$

(4) 當年齡增加一歲時，血壓會增加 0.77 mmHg。

(5) $\hat{Y} = 96.2 + 0.77 \times 64 = 145.48$ ，血壓的預測值為 145.48 mmHg。

(6) $r^2 = 0.76$，在此廻歸模式中，由年齡所引起的變異佔了總變異的 76 % 。

(7) $SSE = S_{yy} - \dfrac{S_{xy}^2}{S_{xx}} = 848.4 - \dfrac{835.8^2}{1081.6} = 202.54$，故 σ^2 之不偏估計值為

$\sigma^2 = SSE/(n-2) = 202.54/8 = 25.32$ 。

(8) 查表得知，$t_{(0.05,\, 8)} = 1.8595$，對斜率 β_1 而言，其 90% 之信賴區間

為 $0.77 \pm 1.8595 \sqrt{\dfrac{25.32}{1081.6}} = 0.77 \pm 0.285$，即 $(0.485, 1.055)$ 為其 90%

之信賴區間。也就是說，我們有 90% 的把握，確信斜率 β_1 之值

會落在 0.485 至 1.055 之間。

(9) $SSR = \dfrac{S_{xy}^2}{S_{xx}} = \dfrac{835.8^2}{1081.6} = 645.86$，變異數分析表如下：

變異數分析表

變異來源	變異數	自由度	均方	F 值
廻歸	645.86	1	645.86	25.51
殘差	202.54	8	25.32	
總和	848.4	9		

(10) 在 $\alpha = 0.05$ 時之顯著水準之下，欲檢定廻歸係數 β_1 是否為零，其統計假設為 $H_0 : \beta_1 = 0$，$H_1 : \beta_1 \neq 0$。用變異數分析法(ANOVA)檢定，查表得知，$F_{(0.05,\, 1,\, 8)} = 5.32$。因為 $25.51 > 5.32$，所以，拒絕 $H_0 : \beta_1 = 0$ 之假設。即年齡與血壓之間有廻歸關係存在，年齡這項因子應該引入廻歸模式中。

(11) $145.48 \pm 1.8595 \sqrt{25.32(\dfrac{1}{10} + \dfrac{(64 - 65.2)^2}{1081.6})} = 145.48 \pm 2.98$，即

$(142.50, 148.46)$ 為其 90% 之信賴區間。

(12) $145.48 \pm 1.8595 \sqrt{25.32(1 + \dfrac{1}{10} + \dfrac{(64 - 65.2)^2}{1081.6})} = 145.48 \pm 9.82$，

即 $(135.66, 155.30)$ 為其 90% 之信賴區間。

3. (1) 略。

(2)　$S_{xx} = \sum_{i=1}^{n}(x_i - \bar{x})^2 = \sum_{i=1}^{n}x_i^2 - \frac{(\sum_{i=1}^{n}x_i)^2}{n} = 150 - \frac{36^2}{12} = 42$，

$S_{xy} = \sum_{i=1}^{n}(x_i - \bar{x})(y_i - \bar{y}) = \sum_{i=1}^{n}x_iy_i - \frac{\sum_{i=1}^{n}x_i\sum_{i=1}^{n}y_i}{n}$

$= 116.58 - \frac{36 \times 29.77}{12} = 27.27$，

$S_{yy} = \sum_{i=1}^{n}(y_i - \bar{y})^2 = \sum_{i=1}^{n}y_i^2 - \frac{(\sum_{i=1}^{n}y_i)^2}{n} = 93.8453 - \frac{29.77^2}{12} = 19.99$，

$r = \frac{27.27}{\sqrt{42 \times 19.99}} = 0.94$　。

(3)　$\hat{Y} = 0.533 + 0.649X$

(4)　當廣告播放次數增加一次時，藥品銷售額會增加 6,490 元。

(5)　$\hat{Y} = 0.533 + 0.649 \times 6 = 4.427$，　藥品銷售額的預測值為　44,270 元。

(6)　$r^2 = 0.8857$，在此迴歸模式中，由廣告播放次數所引起的變異佔了總變異的 88.57 %。

(7)　$SSE = S_{yy} - \frac{S_{xy}^2}{S_{xx}} = 19.99 - \frac{27.27^2}{42} = 2.284$，故 σ^2 之不偏估計值為 $\sigma^2 = SSE/(n-2) = 2.284/10 = 0.2284$。

(8)　查表得知，$t_{(0.025,\,10)} = 2.2281$，對斜率 β_1 而言，其 95% 之信賴區間為　$0.649 \pm 2.2281\sqrt{\frac{0.2284}{42}} = 0.649 \pm 0.164$，即 $(0.485,\ 0.813)$ 為其 95% 之信賴區間。也就是說，我們有 95% 的把握，確信斜率 β_1 之值會落在 0.485 至 0.813 之間。

(9)　$SSR = \frac{S_{xy}^2}{S_{xx}} = \frac{27.27^2}{42} = 17.706$，變異數分析表如下：

變異數分析表

變異來源	變異數	自由度	均方	F 值
迴歸	17.706	1	17.706	77.52
殘差	2.284	10	0.2284	
總和	19.99	11		

(10) 在 $\alpha = 0.05$ 時之顯著水準之下,欲檢定廻歸係數 β_1 是否為零,其統計假設為 $H_0 : \beta_1 = 0$, $H_1 : \beta_1 \neq 0$ 。用變異數分析法(ANOVA)檢定,查表得知, $F_{(0.05, 1, 8)} = 4.96$ 。因為 $77.52 > 4.96$,所以,拒絕 $H_0 : \beta_1 = 0$ 之假設。即廣告播放次數與藥品銷售額之間有廻歸關係存在,廣告播放次數這項因子應該引入廻歸模式中。

(11) $4.427 \pm 2.2281 \sqrt{0.2284(\dfrac{1}{12} + \dfrac{(6-3)^2}{42})} = 4.427 \pm 0.581$,即 $(3.846, 5.008)$ 為其 95% 之信賴區間。

(12) $4.427 \pm 2.2281 \sqrt{0.2284(1 + \dfrac{1}{12} + \dfrac{(6-3)^2}{42})} = 4.427 \pm 1.213$,即 $(3.214, 5.640)$ 為其 95% 之信賴區間。

MEMO

國家圖書館出版品預行編目資料

生物統計學 /楊惠齡, 林明德編著. --十一版. --
　　新北市：新文京開發出版股份有限公司,
　　2020.12
　　　面；　公分

　　ISBN　978-986-430-679-4（平裝）

　　1.生物統計學

360.13　　　　　　　　　　　　　　109019054

生物統計學（第十一版）　　　　　　（書號：B071e11）

編　著　者	楊惠齡、林明德
出　版　者	新文京開發出版股份有限公司
地　　　址	新北市中和區中山路二段 362 號 9 樓
電　　　話	(02) 2244-8188（代表號）
Ｆ　Ａ　Ｘ	(02) 2244-8189
郵　　　撥	1958730-2
七　　　版	西元 2009 年 01 月 15 日
八　　　版	西元 2011 年 05 月 10 日
九　　　版	西元 2015 年 02 月 01 日
十　　　版	西元 2017 年 11 月 20 日
十 一 版	西元 2021 年 04 月 01 日

New Wun Ching Developmental Publishing Co., Ltd.
New Age · New Choice · The Best Selected Educational Publications — NEW WCDP

新文京開發出版股份有限公司

NEW WCDP　新世紀・新視野・新文京 — 精選教科書・考試用書・專業參考書